„Die eigenen Vorstellungen
durchzusetzen
ist die Pforte dazu,
alles zu bekommen,
was Sie sich wünschen."

– Jeffrey Gitomer

Ihren Kopf durchzusetzen, ist etwas, das Sie immer und zu jedem Zeitpunkt wollen.

Die Frage, die Sie sich stellen müssen, lautet: Warum bekomme ich nicht immer, was ich will? Welche Fähigkeiten muss ich beherrschen, damit ich so oft wie möglich meinen Willen durchsetzen kann?

Gibt es ein Geheimnis zur Durchsetzung der eigenen Vorstellungen? Die Antwort ist NEIN! ABER es gibt haufenweise clevere Wege, um zu bekommen, was man will.

Seite für Seite werden Sie entdecken, wie Sie meine Ideen und Strategien für sich umsetzen können – wie Sie sie verstehen, anwenden und geschickt zu nutzen lernen und sie schließlich beherrschen, damit Sie Ihren Willen durchsetzen können und denjenigen, die Ihrem Willen folgen, ein gutes Gefühl dabei geben.

Kannst du das bitte so tun, WIE ICH ES MÖCHTE? Bitte? Bitte, bitte, bitte?

Jeder möchte, dass alles nach seinem Kopf geht. Besonders Sie. Sie haben versucht, Menschen zu überreden, seit Sie ein Baby waren. Mit Weinen, mit Lächeln, indem Sie Ihren Kopf auf den Tisch schlugen … gut, das war vielleicht primitiv – aber effektiv.

Babys kriegen, was sie wollen. Kleine Kinder auch. Erinnern Sie sich an den Gang im Supermarkt, den Sie mit Ihrer Mutter entlanggegangen sind? Wie Sie um Süßigkeiten gebettelt haben? *Das* war Überredung. *Das* war Beharrlichkeit. *Das* war Hartnäckigkeit. *Das* war eine Leistung. Und meistens haben Sie Ihren Kopf durchgesetzt.

Erinnern Sie sich an Ihre Rendezvous in der Highschool? *Das* war Überredung. *Das* war Beharrlichkeit. *Das* war Hartnäckigkeit.

Es hat allerdings den Anschein, als sei ein Teil Ihrer Hartnäckigkeit, die mit Ihren frühen Überredungskünsten (und Ihrem Beharrungsvermögen) einherging, verloren gegangen, sobald Sie alt genug waren, Ihre Visitenkarten zu drucken.

Fürchten Sie sich nicht. Möglicherweise müssen Sie auf andere Fertigkeiten zurückgreifen (kein Weinen, Betteln oder Wutanfall), aber Sie verfügen über die natürliche Fähigkeit, Ihren Kopf durchzusetzen. Alles, was Sie tun müssen, ist, sie zu entdecken und sie so lange zu üben, bis Sie sie beherrschen.

Den eigenen Kopf durchzusetzen, kann vielfältige Formen annehmen. Zu wollen, dass andere Ihre Sichtweise einnehmen, Ihren Ideen zustimmen und das tun, was Sie wollen, ist eine Fähigkeit – eine Wissenschaft. Sie ist erlernbar und lässt sich auf eine Weise erlernen, die nicht beleidigend ist.

Den eigenen Kopf durchzusetzen, ist eine Lebensfertigkeit. Um sie zu beherrschen, müssen Sie möglicherweise Ihre Denkweise und Ihren Umgang mit anderen Menschen verändern; Sie müssen alles verändern, von Ihren gesprochenen Worten bis zu Ihrer unausgesprochenen Körpersprache, von Ihrer Kleidung bis zu dem Image, das Sie vermitteln.

Präsentationsfertigkeiten dienen nicht nur dem Verkauf eines Produkts oder einer Dienstleistung. Präsentationsfertigkeiten sind dazu da, dass Sie sich verkaufen – um andere zu überreden und Ihren Kopf durchzusetzen.

Dieses Buch bietet die Antworten auf alle Fragen der Überredung und Präsentation, die Sie suchen – ob es sich um Verkauf, Service, interne Kommunikation, Freunde oder Familie handelt. Hier werden sie enthüllt.

Sehen Sie sich einmal die Methoden an, mit denen andere Sie überreden. Sie werden gebeten, bestimmte Dinge zu tun und nach dem Willen anderer zu handeln. Und Sie tun das. Gibt es einen besseren Weg, um zu lernen, wie Sie Ihren Kopf durchsetzen, als sich selber dabei zu beobachten, wie man sich überreden lässt, nach dem Willen anderer handelt und es im Ergebnis sogar wirklich gerne tut?

Der Schlüssel dazu, dass Sie Ihren Kopf durchsetzen, besteht darin, der anderen Person ein richtig gutes Gefühl zu geben, wenn sie beschlossen hat, das zu tun, was Sie wollen. Um das zu erreichen, müssen Sie wissen, *wie* Sie andere am besten überreden und Ihre Vorstellungen durchsetzen.

Den eigenen Kopf durchzusetzen ist – beinahe – dasselbe wie Überredung.

Überredung ist die Taktik, die Sie anwenden, um Ihren Kopf durchzusetzen.

– Jeffrey Gitomer

Den eigenen Kopf durchzusetzen bedeutet:

- Die Durchsetzung Ihrer Vorstellungen ist das Endergebnis Ihrer Überredungskunst.
- Die Durchsetzung Ihrer Vorstellungen ist das Ziel, das Sie im Kopf haben, wenn Sie ein Gespräch beginnen.
- Die Durchsetzung Ihrer Vorstellungen ist der Denkprozess, den Sie durchführen, wenn Sie eine Präsentation erstellen.
- Die Durchsetzung Ihrer Vorstellungen ist das Ergebnis eines erfolgreichen Verkaufsanrufs, einer Verhandlung oder eines Meetings.
- Die Durchsetzung Ihrer Vorstellungen hängt von Ihren Fähigkeiten und Ihrem Wunsch zur Beherrschung der Prozesselemente ab.

ANMERKUNG: In diesem Buch werden die Begriffe *Überredung* und die Wendung *seinen Kopf/seine Vorstellungen durchsetzen* als Synonyme verwendet.

Ich bin gegen Manipulation, aber an einem bestimmten Punkt können die Hartnäckigkeit und Beharrlichkeit, mit der Sie versuchen, Ihren Kopf durchzusetzen, zu einer Form der Manipulation führen.

Meine Herausforderung für Sie, wenn Sie die Überredung bis zu einem Punkt anwenden, an dem sie zur Manipulation wird, lautet: Bleiben Sie locker, seien Sie positiv und finden Sie einen glücklichen Abschluss.

Es gibt 500 Bücher über die Überredung und die manipulativen Elemente, die sie begleiten. Dies ist KEIN solches Buch.

Der Inhalt dieses Buches fordert Sie heraus und hilft Ihnen auf folgenden Gebieten der persönlichen Weiterentwicklung: Denken, Planen, Schreiben und Sprechen, und zwar auf unwiderstehliche Art und Weise – bezwingend und leidenschaftlich genug, um andere dazu zu bringen, dass sie Ihre Sichtweise als Leitstern betrachten, der sie dazu bewegt, ihm bereitwillig, ja sogar eifrig zu folgen.

Möglicherweise ist dies das erste Buch, das sich je mit den positiven Elementen der Überredung befasst hat, die Sie, wenn Sie sie beherrschen, definitiv in die Lage versetzen, dass Sie bekommen, was Sie wollen.

„Regel Nr. 1: Lassen Sie Ihren Gesprächspartner immer seinen Kopf durchsetzen – nachdem Sie ihn davon überzeugt haben, dass Ihre Vorstellungen seine eigenen sind!"

Überredung und die Durchsetzung der eigenen Vorstellungen sind Formen des Verkaufs – sehen Sie's einfach ein

Alle Menschen, die Verkauf hassen, alle Menschen, die Verkäufer hassen, sind tatsächlich selber Verkäufer. Sie können Buchhalter sein oder Polizist oder Ingenieur oder Banker. Jede dieser Positionen hat mit irgendeiner Form der Überredung und mit Verkauf zu tun. Kurz gesagt, mit irgendeiner Form der Durchsetzung Ihrer Vorstellungen.

Sie nehmen an Meetings und Ausschüssen teil, und Sie interagieren mit Kollegen; Sie haben Familienmitglieder, und Sie haben Freunde.

In all diesen Beziehungen und Interaktionen gibt es Zeiten, da Sie versuchen, Ihren Kopf durchzusetzen. Und wenn Ihnen das gelingt, dann machen Sie sich das laut und deutlich klar: SIE HABEN VERKAUFT.

Sie haben jemand anderem Ihre Sichtweise, Idee, Bitte oder Ihre Forderung verkauft – und Sie haben das auf eine Weise gemacht, die so unwiderstehlich war, dass andere Ja gesagt, Ihnen zugestimmt haben, sich auf Ihre Seite schlagen und Ihnen das geben, was Sie wollen. *Mit anderen Worten: Jackson, Sie haben Ihren Kopf durchgesetzt.*

Im gesamten Buch werden Sie die Begriffe „Verkauf" und „verkaufen" lesen. Beides sind Formen der Durchsetzung der eigenen Vorstellungen. Und wenn Sie nicht glauben, dass Sie in jeder Facette Ihres Lebens Verkaufstaktiken und -strategien anwenden, müssen Sie Ihr Denken verändern, bevor Sie weiterlesen, andernfalls wird Ihnen dieses Buch nichts bringen.

Jeffrey Gitomer
Das kleine grüne Buch für Ihren Erfolg

Inhaltsverzeichnis

ELEMENT 1	Wie Sie sich darauf vorbereiten, Ihre Vorstellungen durchzusetzen ..	13
ELEMENT 2	Die Grundlagen der Durchsetzung Ihrer Vorstellungen	25
ELEMENT 3	Die Grundlagen der Überredung und persönlichen Macht	39
ELEMENT 4	Die wesentlichsten Punkte zur Durchsetzung Ihrer Vorstellungen ..	49
ELEMENT 5	Die Power-Präsentation	69
ELEMENT 6	Überredungskunst	97
ELEMENT 7	Überredungskunst im Verkauf	121
ELEMENT 8	Die schriftliche Methode zur Durchsetzung Ihrer Vorstellungen .	161
ELEMENT 9	Beharrlichkeit	179
ELEMENT 9,5	Eloquenz	190

Ausführliches Inhaltsverzeichnis

ELEMENT 1
WIE SIE SICH DARAUF VORBEREITEN, IHRE VORSTELLUNGEN DURCHZUSETZEN

Während Sie versuchen, Ihre Vorstellungen durchzusetzen, achten andere auf Ihre Worte und Taten und interpretieren sie .. 14
Überredung ist der Prozess – die Durchsetzung Ihrer Vorstellungen das Ergebnis 16
Das Zutrauen in die eigenen Fähigkeiten ist die halbe Miete 18
Das Geheimnis des Glaubens an sich selbst 20
Das Geheimnis der eigenen inneren Einstellung 23

ELEMENT 2
DIE GRUNDLAGEN DER DURCHSETZUNG IHRER VORSTELLUNGEN

Wenn Sie etwas wollen, müssen Sie sich zu Wort melden 26
Lernen Sie zu verstehen, wie Sie andere überreden und Ihre Vorstellungen durchsetzen 27
Sie müssen in der Lage sein, andere zu überzeugen 28
Sie müssen in der Lage sein, andere zu beeinflussen 29
Sie müssen überzeugende Präsentationsfähigkeiten haben 30
Sie müssen ein mitreißender Geschichtenerzähler sein 31
Sie müssen überzeugende schriftliche Ausdrucksfähigkeiten haben 32
Sie müssen die Fähigkeit besitzen, ein Konzept oder eine Botschaft zu vermitteln 34
Die Kunst des Kompromisses 37

ELEMENT 3
DIE GRUNDLAGEN DER ÜBERREDUNG UND DER PERSÖNLICHEN MACHT

Die richtige Überredung zur Durchsetzung Ihrer Vorstellungen ... 40
Die Macht der Überredung 42
Die Quintessenz der Überredung und persönlichen Macht 44
Die Macht der Begeisterung verstehen 47

ELEMENT 4
DIE WESENTLICHSTEN PUNKTE ZUR DURCHSETZUNG IHRER VORSTELLUNGEN

Die professionelle Entwicklung eines Präsentatoren	50
Sehen Sie gut aus, treten Sie noch besser auf, seien Sie meisterhaft in der Überredung und setzen Sie Ihre Vorstellungen durch	54
Harmonisieren, NICHT manipulieren	56
Wie Sie die Botschaft Ihrer Eigenwerbung so vermitteln, dass Sie bekommen, was Sie wollen	58
Arbeitsblatt zur Entwicklung Ihrer Eigenwerbung	63
PowerPoint-Langweiler: Das sind doch nicht Sie, da am Laptop – oder etwa doch?	65

ELEMENT 5
DIE POWER-PRÄSENTATION

Das Wichtigste über die Kunst, sich an Ihr Publikum zu verkaufen	70
Manche Dinge sind okay, andere sind nicht okay.	76
Beginnen Sie mit Ihren stärksten Worten und Sätzen	77
Wenn Ihre Energie verpufft	81
Wie Sie Ihre Energie zurückgewinnen	84
Erzählen Sie eine Geschichte – enden Sie mit einer Pointe	86
Was ist so witzig daran, professionell zu sein?	88
Die Gabe, überzeugend reden zu können	92

ELEMENT 6
ÜBERREDUNGSKUNST

Ein mitreißender Vortrag	98
Es ist mehr als eine Präsentation – es ist eine Show!	100
Wie Sie die beste Show der Welt aufführen	101
Fertigkeit oder lebenswichtige Notwendigkeit?	106
Präsentationselemente, die Ihre Rede in eine Show verwandeln – wenn Sie sie beherrschen	109
Karaoke und wie man Standing Ovations erhält	112
Filmen Sie sich. Anders geht es nicht	119

ELEMENT 7
ÜBERREDUNGSKUNST IM VERKAUF

Wichtige Tipps für Ihre Show, die zu einem Verkaufsabschluss führen 122
Welches ist der BESTE Weg, um eine Verkaufspräsentation
zu halten? 126
Sie bekommen nicht, was Sie wollen? Sie schaffen es nicht,
den Verkauf abzuschließen? An wem liegt das wohl? 132
Nicht Ihre Vorstellungen durchgesetzt?
Falsch – kein Vertrauen aufgebaut 136
Setzen Sie sich dem „Nein" und „Nicht jetzt" aus,
um ein „Ja" zu erhalten 140
Der Faktor heiße Luft. Wie viel davon steckt in Ihnen? 144
Unentgeltliche Vorträge – Ihr Vermächtnis an Sie selbst 148
28,5 Elemente der großartigsten Verkaufspräsentation der Welt . 154

ELEMENT 8
DIE SCHRIFTLICHE METHODE ZUR DURCHSETZUNG IHRER VORSTELLUNGEN

Wodurch wird Schreiben überzeugend? 162
Ob Ihre Texte kraftvoll und überzeugend sind,
liegt allein an Ihnen! 166
Weniger über mich, mehr über Ihre Schreibfertigkeiten 172
Nur ein Angebot ... oder ein überzeugendes Angebot? 174
Ich habe von meinem Vater und meinem Bruder gelernt,
wie man gute Texte schreibt 177

ELEMENT 9
BEHARRLICHKEIT

Sehen Sie sich nur Ihr Kind und Ihre Katze an, und Sie wissen,
was Beharrlichkeit ist 180
Warum sind die einen beharrlich, und die anderen geben auf? ... 183
Nachfassen ist ein anderes Wort für Beharrlichkeit 187

ELEMENT 9,5
ELOQUENZ

Ist es Eloquenz oder Exzellenz? 191

ELEMENT 1

Wie Sie sich darauf vorbereiten, Ihre Vorstellungen durchzusetzen

„Bevor Sie Ihren Kopf durchsetzen können, müssen Sie sich darauf vorbereiten."

Während Sie versuchen, Ihre Vorstellungen durchzusetzen, achten andere auf Ihre Worte und Taten und interpretieren sie

Der Versuch, Ihren Kopf durchzusetzen, kann andere dazu veranlassen, Sie als stur, starrköpfig, dickköpfig oder auf irgendeine andere Weise als hartnäckig zu betrachten. Letztlich steht hinter der Wahrnehmung, die andere von Ihnen haben, die Art und Weise, wie Sie versuchen, Ihre Vorstellungen durchzusetzen.

Während Sie genau daran arbeiten, nehmen andere Ihre Botschaft auf und bilden sich eine Meinung darüber. Auf Basis Ihrer Handlungen, Worte und sogar Ihrer äußeren Erscheinung sowie Ihres Kleidungsstils bilden sich andere Menschen bereits ein Urteil, noch bevor sie Ihre Botschaft überhaupt gehört oder gelesen haben.

Sie haben sich ein Bild der Dinge ausgemalt, die Sie erreichen wollen und Pläne zur Umsetzung Ihrer Ziele geschmiedet; Sie waren beseelt von dem brennenden Wunsch, das zu bekommen, was Sie möchten. Doch dann hat Ihr Gegenüber (oder haben die Menschen) Ihnen in weniger als einer Minute innerlich schon die rote Karte gezeigt, oder schlimmer noch, sich einfach abgewendet.

Während Sie versuchen, andere Menschen dazu zu überreden, Ihrem Willen zu folgen, entwickeln diese eine *Wahrnehmung*. Diese Wahrnehmung setzt sich aus dem Eindruck zusammen, den die Menschen von Ihnen als Person haben, sowie der Gier, mit der Sie versuchen, sie zu einer bestimmten Denk- oder Handlungsweise zu bringen. *Und diese Wahrnehmung ist die Realität, mit der Sie konfrontiert sind!*

Im Verlauf dieses Buches werden Sie Rippenstöße und Anschubser bekommen, um Ihre Denkweise und Umgangsweise mit anderen zu verändern – und das bezieht sich auf alles, angefangen bei Ihrer Kleidung bis hin zu dem, was Sie sagen, wie Sie es sagen und was Ihr Körper ausdrückt, während Sie sprechen. Sie werden aufgefordert, bestimmte Dinge zu tun, zu sagen, zu versuchen, über Dinge nachzudenken und zu handeln.

Warum nicht mehr Methoden lernen, mit denen Sie andere dazu bringen, Ihre Sichtweise einzunehmen? Es gibt keinen besseren Weg, um die Kunst der Überredung zu lernen, als sich selbst zu beobachten, wie man sich von jemand anderem überreden lässt, als Ergebnis des Überredungsakts handelt und das sogar klasse findet.

„Warum wartest du das nächste Mal nicht einfach, bis die Ampel grün wird, anstatt das Auto zum Anhalten zu überreden?"

Wenn Sie mir bis hierher zustimmen, dann ist es mir gelungen, Sie dazu zu bewegen, die Seite umzublättern ...

1. Überredung ist der Prozess – die Durchsetzung Ihrer Vorstellungen das Ergebnis

Die beste Strategie zur Durchsetzung Ihrer Vorstellungen ist die Anwendung eines Überredungsprozesses, der zu einem positiven Ergebnis führt.

Das Geheimnis der Überredungskunst und der Anwendung von Überredungsstrategien besteht aus zwei Worten: *ohne Manipulation*. Manipulierte Überredung hat nur eine kurze Lebensdauer. Echte Überredung reicht über den Augenblick hinaus.

Überredung ist eine Wissenschaft. Sie können sie lernen. Sie können die besten Überredungsmethoden für jede Situation Ihres beruflichen, privaten oder verkäuferischen Lebens lernen.

Überredung ist eine Kunst. Übertreten Sie nie die Grenze zur „Druckausübung". Es geht darum, Zurückhaltung und Selbstvertrauen zu zeigen – kurz: cool zu sein.

Überredung bedeutet, nicht nur über ein herausragendes Kommunikationsgeschick, sondern auch über ein herausragendes Fragegeschick zu verfügen. Damit geben Sie Ihrem Gegenüber die Möglichkeit, für sich zu klären, was Sie wollen. Anstatt zu sagen: „Dies und jenes ist aus diesem und jenem Grund passiert ...", fragen Sie: „Was denken Sie, warum das passiert ist?", oder „Warum ist das passiert?". Das ist ein feiner, aber entscheidender Unterschied.

Überredung bedeutet Kompromisse. Oft ist ein gewisses Geben und Nehmen nötig, damit Sie bekommen, was Sie wollen.

Überredung bedeutet, Fragen zu stellen, die die Situation klären.
Wenn Sie um eine ausführliche Darstellung und um Verständnis bitten und die Frage nach dem „Warum" stellen, erzeugen Sie Harmonie. Diese Harmonie wird einen offenen Dialog ermöglichen.

Überredung setzt herausragende Fähigkeiten im Zuhören voraus.
Zuhören ist eines der schwierigsten Elemente der Überredung, weil es Geduld erfordert. Das Geheimnis von Geduld und Zuhören lautet *nicht*: „Halt den Mund." Es lautet: „Mach dir Notizen." Sich Notizen zu machen, ist ein Respektsbeweis und verhindert Kommunikationsmissverständnisse.

Überredung heißt, Ihr Gegenüber dazu zu bringen, sich selber zu überzeugen.
Wenn Sie fragen, zuhören, aufschreiben und zur Klärung erneut nachfragen, werden Ihre Antworten und Ihre Sichtweise deutlich.

Überredung heißt Vorbereitung.
Die richtige Information zu sammeln. Die richtigen Fragen zu stellen. Die richtigen Auslöser zu finden – und zu drücken.

Überredung bedeutet Sieg.
Überredung ist die Wissenschaft, mit der Sie Ihre Vorstellungen durchsetzen. Dabei geht es nicht nur darum, dass Sie bekommen, was Sie wollen. Es geht darum, in Harmonie zu überreden und alle zur Zustimmung zu bewegen. So setzen Sie Ihre Vorstellungen durch, ohne dass sich Ihr Gegenüber als Verlierer fühlt.

Überredung heißt, dieses Buch mehr als ein Mal zu lesen.
Und seine Elemente umzusetzen.

„I did it my way!" ist *nicht* die Aussage, mit der dieses Lied hätte enden sollen. Wären Frank oder Elvis Meister der Überredung gewesen, hätten sie gesungen: „Ich habe getan, was ich wollte, und alle waren einverstanden."

Das Zutrauen in die eigenen Fähigkeiten ist die halbe Miete

Wenn Sie überzeugend sein wollen, ...
Wenn Sie andere zu Ihrer Denkweise überreden wollen, ...
Wenn Sie Ihre Vorstellungen durchsetzen wollen, ...

dann sind *Sie* die erste Person, die Sie überreden müssen.

Wenn Sie nicht überzeugt sind, wie können Sie dann andere überzeugen? Wenn Sie nicht überzeugt sind, was glauben Sie dann, wie groß die Überzeugungskraft Ihrer Worte auf andere ist? Die Antwort besteht aus zwei Worten: nicht sehr.

Haben Sie jemals eine Werbesendung im Fernsehen gesehen, in der eine Person irgendeine Pille oder ein Fitnessgerät angepriesen hat? Haben Sie jemals zum Telefonhörer gegriffen und den beworbenen Artikel gekauft? Natürlich haben Sie das; das hat jeder. Der Verkäufer war überzeugend und hat Sie dazu überredet, das zu tun, was er wollte.

Er war so überzeugend und hatte eine solche Überredungskraft, dass er Sie dazu gebracht hat, Ihre Kreditkarte zu zücken und Geld auszugeben. Aber bevor es ihm gelang, auch nur einen Cent aus Ihnen herauszuleiern, musste er viele tausend (vielleicht sogar Hunderttausende) Dollar lockermachen, um sich, sein Produkt und seine Botschaft vorzubereiten.

Warum haben Sie gekauft? Nun, einer der Gründe ist, dass Sie ihm die Botschaft abgenommen haben. Sie waren überzeugt oder überredet, dass Sie von dem, was er Ihnen angeboten hat, profitieren würden. Also haben Sie gekauft.

Sie haben sogar nicht notwendige Artikel wie Küchengeräte, Werkzeuge und andere Dinge gekauft, von denen Sie meinten, sie würden Ihnen das Leben erleichtern.

„Ich weiß nicht, wie er's macht, aber dieser Typ gibt mir immer das Gefühl, als sei ich das Zentrum des Universums!"

WICHTIGER HINWEIS: Bevor diese Menschen Sie jemals überzeugen konnten, mussten sie sich selber überzeugen. Sie mussten an ihre eigene Botschaft glauben, bevor sie Sie dazu bringen konnten, sie zu glauben.

Aber es gibt noch ein tieferes Geheimnis als das Vertrauen in die eigenen Fähigkeiten. Das Vertrauen bewegt sich nur an der Oberfläche. Wenn Sie das tiefere Geheimnis des *Glaubens an sich selbst* erfahren wollen, dann lesen Sie weiter.

Das Geheimnis des Glaubens an sich selbst

Selbst, wenn ich Ihnen alles sage, was ich über Überredung und die Durchsetzung der eigenen Vorstellungen weiß, und wenn Sie losziehen und zehn weitere Bücher über das Thema lesen und ein Experte auf diesem Gebiet werden, werden Sie trotzdem *nie* in der Lage sein, irgendjemanden zu überreden oder Ihre Vorstellungen durchzusetzen, wenn Sie nicht zuerst an sich selber glauben.

Der Glaube an sich selbst zieht sich wie ein roter Faden durch alle meine Bücher und schriftlichen Beiträge. Dafür gibt es einen Grund: Der Glaube an sich selbst ist der Kern, der Dreh- und Angelpunkt Ihrer Fähigkeit zum Erfolg – egal auf welchem Gebiet – und nicht nur Ihrer Fähigkeit, Ihre Vorstellungen durchzusetzen.

Wenn Ihr Glaube an sich selbst nicht stark genug ausgeprägt ist, um Ihre Leidenschaft zu wecken und auszudrücken, dann werden andere Sie weder bemerken noch sich davon überzeugen lassen, dass Ihre Idee, Ihr Produkt oder Ihre Vorstellungen das Beste für sie sind.

Ich begann 1972, mich mit dem Thema des Glaubens an die eigenen Fähigkeiten zu beschäftigen, als ich mit Network-Marketing zu tun hatte (heute als Direktverkauf bezeichnet). Jemand sagte mir, um Erfolg zu haben, müsste ich „ein Produkt des Produkts" werden.

Zunächst verstand ich nicht, was das heißen sollte, *ein Produkt des Produkts zu werden.*

Es stellte sich heraus, dass ich zunächst selber *daran glauben* musste, bevor ich andere davon überzeugen konnte.

Und die beste Art und Weise, um Glauben zu entwickeln, bestand darin, das Produkt, das ich verkaufte, selber zu benutzen. Wenn ich es nicht selbst verwendete, wie konnte ich es dann verkaufen?

Wenn Sie zu einem Autohändler gehen und der Verkäufer nicht dieselbe Automarke fährt, die er Ihnen verkaufen will, warum sollten Sie dann einen Kauf überhaupt erwägen? Der Händler glaubt offenbar selber nicht genug an das Auto, um es zu fahren.

Wenn Sie sich fragen: „Wie sehr glaube ich an das, was ich tue?", wird die Antwort zeigen, mit welcher Wahrscheinlichkeit es Ihnen gelingen wird, andere zu überreden und Ihre Vorstellungen durchzusetzen.

Dies sind die grundlegenden Überzeugungen, die Sie haben müssen, wenn Sie erfolgreich sein, andere überreden und Ihre Vorstellungen durchsetzen wollen:

- **Glauben Sie an sich selbst.**
- **Glauben Sie an das, was Sie tun.**
- **Glauben Sie an Ihr Produkt.**
- **Glauben Sie an Ihr Unternehmen.**

Und es gibt noch ein weiteres Geheimnis ...

> **Sie müssen glauben, dass Sie Ihrem Gegenüber damit etwas Gutes tun, dass Sie ihn oder sie überreden und dass Ihr Gegenüber davon profitieren wird.**
>
> *– Jeffrey Gitomer*

Das Geheimnis der eigenen inneren Einstellung

Die Haftkraft des Glaubens an sich selbst und des Vertrauens in die eigenen Fähigkeiten basiert auf Ihrer inneren Einstellung – der Art und Weise, wie Sie sich entscheiden zu denken.

Wenn Sie mein *Little Gold Book of YES! Attitude* noch nicht besitzen, wäre jetzt der ideale Zeitpunkt, um loszugehen und diese kleine Investition zu tätigen. Sie werden lernen, dass die innere Einstellung nicht einfach ein Gefühl oder ein Ausdruck ist, sondern eine Wissenschaft. Sie bringen sich selber bei, positiv zu denken, zu reagieren und zu leben, und praktizieren das täglich.

Ihre positiven Gedanken sind es, die die Aspekte Ihres Glaubens an sich selbst bilden. Ihre positiven Gedanken sind die Basis für Ihre Selbstüberredung – Ihre Fähigkeit, sich selber davon zu überzeugen, dass Sie es schaffen werden, dass Sie einen Weg finden werden, Ihre Wünsche und Ziele Wirklichkeit werden zu lassen, und dass das Ergebnis positiv sein wird.

Die eigenen Vorstellungen durchzusetzen heißt nicht einfach, überzeugend zu sein; es heißt, unwiderstehlich zu sein.

Natürlich gibt es immer Ausnahmen. Und wenn sich negative Dinge ereignen, die zum Handeln veranlassen – eine Krankheit, eine Herzattacke oder sogar ein Tod –, können diese Ereignisse Sie vielleicht zu einer Änderung Ihrer Gefühle oder Ihres Verhaltens bewegen. Aber im Geiste müssen Sie trotzdem für sich herausfinden: „Was wird Gutes dabei herauskommen?" oder „Wie kann ich dies auf die bestmögliche Art und Weise geschehen machen?" oder „Wie kann ich das Beste aus dieser Situation machen?".

Selbst wenn die Überredung negativ ist, suchen Sie nach einem positiven Ergebnis, bewahren sich die Hoffnung, dass ein positives Ergebnis existieren möge, und halten an Ihrem Glauben an einen positiven Ausgang fest.

Das Gegenteil dieser auf ein positives Ergebnis fokussierten Gedanken ist der leichtere Weg: sich mit der Situation abzufinden oder einfach aufzugeben.

Eine positive Haltung in Kombination mit positivem Denken und einem positiven Glauben an sich selbst wird Ihnen das nötige Fundament bieten,

- **um Leidenschaft für das zu entwickeln, was Sie tun und was Sie wollen.**
- **um in der Lage zu sein, andere zu überzeugen.**
- **um in der Lage zu sein, andere zu überreden.**
- **um in der Lage zu sein, andere dazu zu bringen, sich Ihrer Sichtweise anzuschließen.**

Die übrigen Elemente dieses Buches werden Ihnen die Strategien und Methoden zur Durchsetzung Ihrer Vorstellungen beibringen, aber Sie selbst müssen der Kern des Glaubens an sich selbst und der *JA!*-Haltung sein, um Ihre Botschaft an den Mann bringen zu können.

Vielleicht möchten Sie diese ersten 24 Seiten noch einmal lesen. Sie sind die Basis und bieten die persönlichen Kernwerte, auf denen Sie aufbauen werden, um zu lernen, wie Sie andere überreden und Ihre Vorstellungen durchsetzen.

Denken und Glauben sind die Grundsäulen Ihrer Leidenschaft und Überzeugung. Nehmen Sie Ihre innere Einstellung hinzu, und Sie haben den richtigen Baustoff für eine felsenfeste, konsistente mentale Grundlage.

ELEMENT 2

DIE GRUNDLAGEN DER DURCHSETZUNG IHRER VORSTELLUNGEN

„Ich habe meine Vorstellungen immer durchsetzen können. Wozu brauche ich die Grundlagen?"

„Es gibt einen Riesenunterschied zwischen der Durchsetzung der eigenen Vorstellungen und Manipulation."

Wenn Sie etwas wollen, müssen Sie sich zu Wort melden

Denken Sie an eine quietschende Tür. Jedes Mal, wenn Sie die Tür öffnen, sagt sie Ihnen: „Hey, ich brauche Öl." Sie sind von dem Quietschen genervt, und damit es aufhört, ölen Sie die Tür.

Das ist natürlich nicht die einzige Methode, mit der Sie Ihren Willen durchsetzen können, aber es ist ein einleuchtendes Beispiel, damit Sie beginnen, den Prozess zu verstehen. Wenn Sie Ihre Vorstellungen durchsetzen wollen, müssen Sie lernen, auf sich aufmerksam zu machen. Später werde ich erklären, *wie Sie SPRECHEN müssen*, aber Sie verstehen schon die Idee.

Im Leben seine Vorstellungen durchzusetzen, bedeutet, zu denken, dass Sie Ihren Willen bekommen, zu glauben, dass Sie Ihren Willen bekommen, einen Plan zu machen, wie Sie Ihren Willen bekommen, Ihre schriftlichen Ausdrucksfähigkeiten und Ihre Präsentationsfähigkeiten zu perfektionieren, Ihren Plan durchzuführen, ihn unterwegs anzupassen und alle diese Elemente beharrlich zu verfolgen, bis Sie Ihren Willen erfolgreich durchgesetzt haben.

ANMERKUNG: Nicht immer wird es Ihnen gelingen, zu bekommen, was Sie wollen. ABER wenn Sie Ihre Fähigkeiten perfektionieren, Ihre Überzeugung vertiefen und eine Leidenschaft für das entwickeln, was Sie wollen – dann *werden* Sie Ihre Vorstellungen öfter durchsetzen können.

Lernen Sie zu verstehen, wie Sie andere überreden und Ihre Vorstellungen durchsetzen

Wie ich zu Beginn schon sagte, *will jeder seine eigenen Vorstellungen durchsetzen*. Das ist eines der ungeschriebenen Gesetze des Universums.

Daran arbeiten Sie seit Ihrer Kindheit. Damals war Ihre Methode Schreien und Weinen. Sie hatten einfach keine andere Möglichkeit, um Ihren Eltern mitzuteilen, dass Sie eine saubere Windel wollten, Hunger hatten oder müde waren. Und es funktionierte.

Als Sie älter wurden, nahmen Ihre emotionalen Appelle oft extreme Formen an. Sie lernten, Worte mit Gefühlen zu verbinden. Sie haben kindliche Wutanfälle bekommen und geschrien und getobt. Meistens funktionierte es. Es war negativ, aber es funktionierte.

Die Erfahrungen, die Sie im Verlauf Ihrer Kindheit gemacht haben, haben viel mit Ihrer Fähigkeit zu tun, andere zu überreden und Ihren Willen durchzusetzen. Das gilt auch für Ihre Persönlichkeit.

Offene, freundliche, im positiven Sinne aggressive und beharrliche Menschen haben im Allgemeinen mehr „Glück" als die Verzagten.

Schnelldurchlauf bis zu dem Alter, in dem Sie Ihre Visitenkarten drucken lassen. Sie versuchen immer noch, Ihre Vorstellungen durchzusetzen. Fügen Sie dem hinzu, dass Sie aus Ihren Erfahrungen vielleicht gelernt haben, manipulative Techniken anzuwenden, oder dass Sie die Durchsetzung Ihrer Vorstellungen nicht nur wollen, sondern *brauchen*.

Manche Menschen haben ihre Fähigkeiten zur manipulativen Überredung von Lehrern oder aus Büchern gelernt, andere haben sich diese Fähigkeiten durch Versuch und Irrtum angeeignet. Tatsache ist, dass Sie eine oder mehrere Methoden haben und benutzen, um andere zu überreden und zu überzeugen.

Die folgenden Grundlagen werden Ihnen dabei helfen zu verstehen, warum Sie genau diese Methode(n) verwenden und wie Sie sie möglicherweise verändern wollen, um ihre Ergebnisse zu verbessern.

SIE MÜSSEN IN DER LAGE SEIN, ANDERE ZU ÜBERZEUGEN.

Die Fähigkeit, andere zu überzeugen, hängt mit Ihrer eigenen Überzeugung zusammen (siehe Seiten 19 bis 24), in Kombination mit Ihrer Fähigkeit, eine glaubwürdige Botschaft zu formulieren.

Ihre Botschaft muss einen Sinn ergeben, und sie muss ein „Was-habe-ich-davon"-Element enthalten, das es Ihrem Gegenüber ermöglicht, sich wertgeschätzt zu fühlen und sich überreden zu lassen.

Die Prinzipien der Überzeugung anderer Menschen liegen in persönlicher Überzeugung und Glaubwürdigkeit, also darin, stets die Wahrheit zu sagen und Wert zu bieten.

SIE MÜSSEN IN DER LAGE SEIN, ANDERE ZU BEEINFLUSSEN.

Sie haben sicher schon den Satz gelesen und gehört: „Er ist eine sehr einflussreiche Person." Sie können eine Million Definitionen im Lexikon nachschlagen, aber die Wahrheit ist, dass eine einflussreiche Person in der Lage ist, Sie dazu zu bringen, über das, was Sie tun, nachzudenken und Ihre Handlungen möglicherweise zu optimieren.

Die Art ihres Einflusses ist groß genug, um Sie dazu zu bewegen, Geld auszugeben, Ihre Meinung und Ihr Verhalten zu ändern.

ABER HIERIN LIEGT EIN GEHEIMNIS: Eine einflussreiche Person zu sein, heißt, so viel *Reputation, Charakter, Glaubwürdigkeit* und *Format* zu haben, dass andere Menschen Ihre Botschaft ernst nehmen. Reputation, Charakter, Glaubwürdigkeit und Format sind das Ergebnis Ihrer Erfolgsbilanz in Kombination mit Ihrer wahrgenommenen Kompetenz.

Einflussreiche Menschen haben persönliche oder tatsächliche Macht. Man spricht dabei von „der Macht des Einflusses".

Ihre Fähigkeit zur Beeinflussung Dritter basiert oft auf der Wahrnehmung anderer Menschen über Sie und dem Glauben, den sie an Sie haben. In einigen Kreisen werden Sie vielleicht einflussreich sein, und in anderen eher nicht. Je besser Ihre Reputation ist, desto wahrscheinlicher ist es, dass es Ihnen gelingen wird, andere Menschen zu beeinflussen.

Die Prinzipien der Beeinflussung anderer liegen im Charakter, der Glaubwürdigkeit, dem Format, der Erfolgsgeschichte und der Reputation einer Person.

SIE MÜSSEN ÜBERZEUGENDE PRÄSENTATIONSFÄHIGKEITEN HABEN.

Ihre Fähigkeit zur Kommunikation Ihrer Botschaft ist ein integraler Bestandteil Ihrer Fähigkeit zur Beeinflussung und Überzeugung anderer Menschen.

Es gibt Tausende und Abertausende von Rhetorik-Clubs und ebenso viele Coachs für Redner und Vortragende sowie Kurse, die Sie belegen können, um Ihre Präsentationsfähigkeiten zu verbessern, und dennoch sind die Präsentationsfähigkeiten die am wenigsten untersuchte und mit Sicherheit am wenigsten beherrschte Fähigkeit in der Disziplin der Überredung und der Kunst, Ihren Willen durchzusetzen.

Wenn man mir einen Dollar für jeden Unternehmensführer – vom CEO bis zum Filialleiter – mit lausigen Präsentationsfähigkeiten geben würde, wäre ich Multimilliardär.

Dieses Buch ist von Präsentationsfähigkeiten durchdrungen. Sie werden lernen, Ihre Präsentationsfähigkeiten so zu verbessern und schließlich zu beherrschen, dass Sie die Macht der Überredung zu Ihrem Vorteil nutzen können, indem Sie andere Menschen auf positive und fesselnde Art und Weise dazu bewegen, sich Ihrer Sichtweise anzuschließen.

Die Prinzipien überzeugender Präsentationsfähigkeiten liegen in der Leidenschaft, der Überzeugungskraft, einer herausragenden Vermittlung der Botschaft, der Fähigkeit, leicht verständliche Beispiele anzuführen und in der Lage zu sein, Ihre Botschaft so rüberzubringen, dass andere Ihnen zustimmen und bereit sind, auf Basis dieser Zustimmung zu handeln.

SIE MÜSSEN EIN MITREISSENDER GESCHICHTENERZÄHLER SEIN.

Alle Menschen lieben gute Geschichten. Bücher werden in Milliarden von Exemplaren an Leser verkauft, die mit Feuereifer kurze oder lange Beschreibungen des Lebens fremder Menschen verschlingen.

Mein Favorit sind stets die Kurzgeschichten gewesen. Sie kommen direkt zum Wesentlichen, und ihr Ende bietet oft eine Überraschung – etwas, womit man nicht gerechnet hat. Außerdem verschaffen sie einem die Befriedigung, dass sie schnell zu Ende sind. In weniger als einem Tag, manchmal sogar in weniger als einer Stunde wissen Sie, wie die Geschichte ausgeht.

Geschichten enthalten Dramen. Dramen (oder sollte ich sagen, „die Dramen anderer Menschen") scheinen im Mittelpunkt des Interesses eines Großteils der Bevölkerung zu stehen. Ich selbst würde eher eine Geschichte schreiben oder erzählen, als den Dramen anderer Leute zuzuhören oder zuzusehen. Mit der Ausnahme, einem Menschen zuzuhören, den ich respektiere oder bewundere, weil ich aus seiner Geschichte etwas lernen kann.

Wie lautet Ihre Geschichte?

Denken Sie darüber nach, wie Sie Ihre Geschichte erzählen. Oft hören Sie jemanden sagen, „ich bin kein guter Geschichtenerzähler" oder „ich kann nicht gut Witze erzählen". Warum wollen Sie Ihr eigenes Todesurteil fällen, bevor Sie überhaupt begonnen haben? Warum sagen Sie nicht etwas in der Richtung: „Ich versuche, im Geschichtenerzählen besser zu werden. Hören Sie sich mal diese an."

Diese kleine Veränderung Ihrer persönlichen mentalen Einstellung wird Sie automatisch zu einem besseren Geschichtenerzähler machen.

Geschichten vermitteln eine Botschaft in Form einer Metapher, oder indem sie eine Situation schildern, die der Situation Ihres Zuhörers ähnelt. Diese beiden Elemente sind nicht nur überzeugend, sondern werden den Zuhörer auch oft dazu veranlassen, an seine eigene Geschichte zu denken und sich auf diese Weise selbst zu überzeugen. Das ist übrigens der wirkungsvollste Aspekt der Überredungskunst.

Die Prinzipien einer überzeugenden Schilderung von Geschichten liegen darin, ihnen eine bedeutungsvolle Botschaft und Relevanz für das eigentliche Gesprächsthema zu verleihen, sie überzeugend vorzutragen sowie in der Kombination Ihrer darstellerischen Fähigkeiten und Ihrer Präsentationsfähigkeiten, die der Schilderung Ihrer Geschichte eine lebendige Note zu geben vermögen.

SIE MÜSSEN ÜBERZEUGENDE SCHRIFTLICHE AUSDRUCKSFÄHIGKEITEN HABEN.

Ich habe einmal geschrieben, „schreiben macht reich". Schreiben ist auch die Basis, mit der Sie Ihren eigenen Wissensreichtum erzeugen. Je mehr Sie schreiben, desto besser gelingt es Ihnen, ihre eigenen Gedanken zu klären. Und je öfter Sie Ihre Texte überarbeiten oder sie von anderen überarbeiten lassen, desto klarer werden sie für Dritte, die Ihre Texte lesen. In der Disziplin der Überredung und der Kunst, Ihren Willen durchzusetzen, spielt das Schreiben eine zentrale Rolle – ob es sich um einen Brief, ein Angebot, eine E-Mail oder eine Angebotsbeschreibung handelt.

Das beste Beispiel dafür ist eBay. Die Lektüre der geschickten Beschreibung so mancher Artikel kann Sie dazu veranlassen, zu versuchen, einen Artikel zu ersteigern oder auf „Sofort kaufen" zu klicken. Ebay bringt eine ganz neue Generation von Autoren (Verkäufer) hervor, die bestrebt sind, andere (Käufer) zu überreden, ihre Waren zu ersteigern oder sofort zu kaufen.

Dieses Konzept ist so wirksam, dass inzwischen sogar Kurse darüber angeboten werden, wie man bei eBay seine Waren erfolgreich platziert beziehungsweise wie man mit eBay Geld verdient. Was damit letztlich gesagt wird, ist, dass Sie lernen können, so überzeugende Beschreibungen zu verfassen, dass andere die von Ihnen zum Verkauf angebotenen Waren haben wollen.

Das Schreiben hat aber noch ganz andere Dimensionen. Ebay ist lediglich ein kleines Beispiel für die Macht schriftlicher Texte.

Bevor Lincoln anlässlich der Einweihung des Soldatenfriedhofs auf dem Bürgerkriegsschlachtfeld von Gettysburg seine berühmte Rede – die „Gettysburg Address" – vortrug, schrieb er sie auf die Rückseite eines Briefumschlags. Bevor Liedtexte gesungen werden, werden sie niedergeschrieben. Dasselbe gilt für Broadway-Shows und Filmdrehbücher. Denken Sie an die letzte eindringliche Predigt, die Sie in Ihrer Kirche gehört haben. Ich garantiere Ihnen, dass sie zunächst aufgeschrieben und ihr Vortrag möglicherweise sogar einstudiert wurde.

Ich selber habe das Schreiben 1992 zu meinem Beruf gemacht (soll heißen, ich werde dafür bezahlt). Ich zwinge mich dazu, jedes Mal besser zu werden. Ich versuche, meine Konzepte klarer zu machen, meine Ideen überzeugender zu gestalten, und ich versuche auch, die Strategien und Methoden, die ich vorschlage, so bezwingend zu formulieren, dass andere sie übernehmen und sie an ihren eigenen Stil und ihre Persönlichkeit anpassen.

Ich messe meinen Wert als überzeugender Autor an der Zahl der Menschen, die meine Bücher kaufen, an der Zeit, die meine Bücher auf dem Markt überleben und an der Zahl der Briefe und E-Mails, die ich erhalte und in denen Menschen mir danken und mir mitteilen, dass sie meine Ideen übernommen und dass diese sich bewährt haben.

Die Prinzipien überzeugender Schreibkunst liegen in der Klarheit, Kreativität, der Stimme und der Fähigkeit, humorvolle Texte zu verfassen, die den Leser zum Lächeln bringen und in ihm den Wunsch wecken, weiterzulesen.

SIE MÜSSEN DIE FÄHIGKEIT BESITZEN, EIN KONZEPT ODER EINE BOTSCHAFT ZU VERMITTELN.

Ein vermittelbares Konzept ist das wirksamste Element der Durchsetzung Ihrer Vorstellungen, das es gibt. Möglicherweise ist es sogar *das* Element überhaupt, aber das überlasse ich Ihrer Entscheidung. Für mich ist es das.

Jedes der in diesem Kapitel beschriebenen Prinzipien kann andere nur dann erfolgreich überzeugen, wenn die Botschaft, die Ideen, die Präsentation, die Geschichte oder der schriftliche Text *vermittelbar* sind.

Um zu verstehen, was ein vermittelbares Konzept ist, müssen Sie den Prozess kennen, durch den es vermittelbar wird. Sie sprechen mit einer Person oder zu einem Publikum, oder Sie schreiben einen Artikel, und die Person, die Ihnen zuhört oder Ihren Artikel liest, sagt zu sich selbst: *„Ich habe es verstanden. Ich denke, ich kann es tun. Ich bin bereit, es zu versuchen."*

Mit anderen Worten: Der Empfänger Ihrer Botschaft versteht diese, sie sagt ihm zu, und er glaubt so weit an Ihre Botschaft, dass er bereit ist, zu handeln.

Die gute Nachricht ist, dass vermittelbare Botschaften leicht zu kreieren sind, wenn man einmal verstanden hat, was damit ge-

Das kleine grüne Buch für Ihren Erfolg Jeffrey Gitomer 35

meint ist. Und das Beste an vermittelbaren Botschaften ist, dass sie auf höchst eindrucksvolle Weise funktionieren.

Nicht nur, dass Sie damit andere überreden und überzeugen können, vielmehr bringen Sie die Empfänger Ihrer Botschaft dazu, dass sie sich selbst davon überzeugen, in Ihrem Interesse zu handeln, weil sie glauben, dass es auch in *ihrem eigenen* besten Interesse ist.

Auch wenn die Idee des vermittelbaren Konzepts neu für Sie ist, ist daran nichts außergewöhnliches oder komplex. Die Fähigkeit, eine Botschaft zu vermitteln, ist eine Fertigkeit, die Sie leicht erwerben, sofort umsetzen und schließlich beherrschen können.

Die Prinzipien vermittelbarer Konzepte liegen in Ihrer Fähigkeit, Botschaften zu vermitteln, die andere Menschen gut finden und glauben, und von denen sie sicher sind, dass sie sie auf für sie nützliche Weise umsetzen können.

HANDELN SIE: Jetzt, da Sie die Grundlagen der Durchsetzung Ihrer Vorstellungen verstehen, können Sie damit beginnen, sie anzuwenden, zu üben und so zu beherrschen, dass jeder, und nicht zuletzt Sie selbst, davon profitiert.

„Ich liebe dieses Buch. Es handelt ganz allein von mir!"

Bei der Durchsetzung Ihrer Vorstellungen geht es nicht nur um Sie. Manchmal bedeutet es, dass Sie zulassen müssen, dass andere Menschen auch ihren Willen bekommen.

– Jeffrey Gitomer

Die Kunst des Kompromisses

Ich habe meinen Vater immer dabei beobachtet, wie er verhandelte. Er war ein Meister in der Durchsetzung seiner Vorstellungen. Nach Abschluss der Verhandlungen erinnerte er mich stets an Folgendes: „Sohn, biete niemals irgendetwas an, das du nicht selber auch gerne hättest." Ich hielt das für eine ziemlich gute Strategie. Sie veranlasst einen sicher dazu, zwei Mal darüber nachzudenken, bevor man versucht, jemanden auszunutzen.

Wenn beide Verhandlungspartner ihre Vorstellungen durchsetzen möchten, sie aber nicht dasselbe wollen, muss man einen Mittelweg finden. *Kompromisse* sind ein guter Weg, um sich in der Mitte zu treffen, da beide etwas aufgeben müssen, aber beide auch etwas erhalten. Das ist eine Form des *Austauschs* beziehungsweise der *Einigung*.

„Kopf, und wir machen es auf meine Weise. Zahl, und wir machen es auf meine andere Weise."

Der erste Schlüssel zur Kompromissfindung besteht darin, zu wissen, an welchem Punkt man zu einer Einigung bereit ist. Der zweite Schlüssel liegt darin, seinem Gegenüber Fragen zu stellen, anstatt zu betteln, zu flehen oder zu viel Druck zu machen.

Wenn man Fragen stellt, steigt das *Verständnis*. „Mr. Jones, was würde passieren, wenn wir es so machen würden, wie ich es möchte? Welche negativen Auswirkungen hätte das für Sie?" Wenn Sie verstehen, wie die Durchsetzung Ihrer Vorstellungen Ihr Gegenüber beeinträchtigen könnte, dann erkennen Sie auch, wie Sie einen Kompromiss finden, oder besser gesagt, was Sie im Austausch für die Teilzufriedenheit Ihres Gegenübers zu opfern bereit sind.

Wo ziehen Sie bei einem Kompromiss die Linie? Und bis zu welchem Punkt sind Sie bereit, diese Linie hinauszuschieben, um Ihre Vorstellungen durchzusetzen?

Kompromisse bedeuten üblicherweise, dass keiner alles durchsetzen kann, was er gerne möchte. Der Schlüssel zu einem guten Kompromiss ist Fairness. Sind Sie mit dem Ergebnis zufrieden? Ist Ihr Gegenüber mit dem Ergebnis zufrieden?

Zwar ist die Kompromissfindung eine Wissenschaft, aber es gibt keine Formel dafür. Die Elemente, die für einen Kompromiss nötig sind, wurden bereits besprochen. Seien Sie sich darüber im Klaren, was Sie aufzugeben bereit sind, und stellen Sie Fragen, um herauszufinden, welche Gefühle, Bedürfnisse und Leidenschaften Ihr Gegenüber hat.

Und wie bei jeder anderen Form der Überredung oder Durchsetzung Ihrer Vorstellungen müssen Sie das langfristige Ergebnis im Blick haben und dessen Wert beziehungsweise seine Konsequenzen mit Ihren angestrebten Zielen vergleichen. Das hilft Ihnen nicht nur dabei, einen Kompromiss zu finden, sondern hilft Ihnen auch sonst im Leben.

ELEMENT 3

Die Grundlagen der Überredung und der persönlichen Macht

„Ich lecke ihnen das Gesicht ab."

„Ich schnurre und springe auf ihren Schoß."

„Ich bin nicht gut darin, anderen das Gesicht abzulecken, und ich kann auch nicht schnurren. Vielleicht sollte ich mir die Grundlagen der Überredung aneignen."

Die richtige Überredung zur Durchsetzung Ihrer Vorstellungen

Wenn der Schlüssel zur Durchsetzung Ihrer Vorstellungen ist, Ihrem Gesprächspartner ein gutes Gefühl zu verschaffen, nachdem er beschlossen hat, sich Ihrer Sichtweise anzuschließen, dann müssen Sie verstehen lernen, „wie" Sie andere Menschen am besten überreden.

Hier die 8,5 Schlüsselelemente, die Ihre Fähigkeit ausmachen, andere zu überreden und zu erreichen, was Sie wollen:

1. Erklären Sie Was, Warum und Wie. Zunächst sind Menschen skeptisch. Sie wollen wissen: Worum geht es? Warum wird es funktionieren? Warum soll ich dies und das tun? Warum bitten Sie mich darum? Was versuchen Sie zu erreichen? Was heißt das für mich? Inwieweit werde ich davon betroffen sein? Was gewinne ich dabei? Können Sie eine ... Fragen liefern, trägt das in ... bei, Ihren Willen durchzusetzen.

2. Erklären Sie Ihrem Gegenüber, was er davon hat. Menschen lassen sich leichter überreden, wenn sie erkennen, dass sie einen Vorteil daraus ziehen, wenn sie Ihnen oder Ihrer Sichtweise folgen.

3. Ihre Aufrichtigkeit. Ihre Überzeugung ist Teil der Zustimmung Dritter. Eine vorgetäuschte Aufrichtigkeit kommt früher oder später ans Tageslicht. Und man kann sie wittern.

4. Ihre Glaubwürdigkeit. Treffen Sie Aussagen, auf die andere Bezug nehmen können? Die für Dritte nachvollziehbar sind? Nachvollziehbarkeit führt zu Glaubwürdigkeit.

5. Ihre Fähigkeit, Fragen zu stellen. Dies ist einer der wichtigsten Schlüssel zur Überredung und Durchsetzung Ihrer Vorstellungen. Nicht sprechen, sondern fragen. Stellen Sie Fragen, die einen Bezug zu Ihrem Gegenüber haben? Fragen über die Person, die Sie überreden wollen? Fragen, die diese Person einhalten und nachdenken lassen und die sie dazu veranlassen, diese Fragen in Ihrem Sinne zu beantworten? Fragen Sie Ihr Gegenüber nach seiner Meinung und seiner Erfahrung. Suchen Sie seine Kompetenz.

6. Ihre Kommunikationsfähigkeiten. Wie würden Sie Ihre Kommunikationsfähigkeiten bewerten? Haben Sie sich jemals selbst in einer Videoaufzeichnung präsentieren sehen? Bis dahin haben Sie *keine Ahnung*, ob und wie gut Sie sind.

7. Ihre visionären Fähigkeiten (als Geschichtenerzähler). Können Sie so deutliche und lebendige Bilder zeichnen, dass Ihre Zuhörer den Regen förmlich prasseln hören und die Sonnenstrahlen auf der Haut spüren? Zahlen und Fakten geraten in Vergessenheit, Geschichten werden weitererzählt.

8. Ihr Ruf eilt Ihnen voraus. Ihre Reputation hat eine so mächtige Wirkung, dass sie Ihnen ein automatisches Ja einbringen kann, wenn Sie eine überzeugende Reputation haben; eine „fragwürdige" Reputation kann Ihnen dagegen ein automatisches „Nein" einbringen.

8,5. Ihre Erfolgsgeschichte. Je mehr Erfolge Sie bisher erzielt haben, desto überzeugender ist Ihr Auftreten und desto stärker bestimmt dies auch das Auftreten Dritter Ihnen gegenüber. Wenn Sie bisher ein Sieger gewesen sind, können Sie eine Siegerhaltung einnehmen. Und diese Haltung wird bei Ihrem Versuch, andere zu überreden und Ihre Vorstellungen durchzusetzen, deutlich und vermittelbar.

ANMERKUNG: Kein Punkt allein wird den Prozess bestimmen. Je besser Sie jeden einzelnen beherrschen, desto überzeugender werden Sie, und desto öfter werden Sie bekommen, was Sie wollen.

Die Macht der Überredung

Denken Sie darüber nach, wie oft in Ihrem Leben andere Menschen Sie dazu überredet haben, ihrem Willen zu folgen.

Denken Sie darüber nach, wie oft in Ihrem Leben Sie andere Menschen mit Erfolg dazu überredet haben, Ihrem Willen zu folgen.

Worin bestand der Unterschied? Hatten jene Menschen, die Sie von ihren Vorstellungen überzeugt haben, mehr Leidenschaft, größere Fähigkeiten, oder verstanden sie den Überredungsprozess besser? Vielleicht haben sie nur Gebrauch von ihrer Autorität gemacht – zum Beispiel als Eltern oder Vorgesetzte –, und Sie haben getan, was sie von Ihnen wollten, allerdings nicht, ohne die ganze Zeit vor sich hin zu grummeln.

Egal wer den Überredungsprozess gewinnt, das zugrunde liegende Element ist, dass der Sieger ein besserer Überredungskünstler ist, als der Verlierer.

Ich kann Ihnen alles über Überredung beibringen, allerdings ist mit Überredung Selbstdisziplin verbunden, und die bestimmt Ihre Fähigkeit, die Macht der Information, die Sie hier lesen, zu nutzen.

Ich glaube und habe gesagt, dass die Quintessenz die Macht der Überredung zu nutzen in der Entwicklung eines starken Glaubenssystems – nicht nur eines Teils des Glaubenssystems, sondern des gesamten Glaubenssystems – und in der Übung durch praktische Anwendung liegt.

Das kleine grüne Buch für Ihren Erfolg Jeffrey Gitomer 43

Ihr Zeugnis wird nicht einfach der Sieg oder die Durchsetzung Ihrer Vorstellungen sein; Ihr Zeugnis wird der Ruf sein, den Sie sich als Ergebnis der Überredung anderer Menschen erarbeitet haben. Was werden die Menschen hinter Ihrem Rücken über Sie sagen, nachdem Sie sie überredet haben?

> Ihre Fortschritte in der Kunst der Überredung, kombiniert mit einer herausragenden Reputation, sind Indizien dafür, dass Sie begonnen haben, die Macht, die die Kunst der Überredung bietet, zu Ihrem Vorteil zu nutzen.

Das wird Ihnen nicht in einem Tag gelingen. Aber Sie können jeden Tag daran arbeiten.

„Wenn du an deiner Überredungskunst arbeiten würdest, könntest du auf Halsband und Leine verzichten."

Die Quintessenz der Überredung und persönlichen Macht

Versuchen Sie, sich so schnell wie möglich eine Kopie des Videos mit der Rede „Ich habe einen Traum" von Martin Luther King Jr. zu besorgen. Und dann beschaffen Sie sich eine Ausgabe der Rede, die John F. Kennedy anlässlich seines Amtsantritts hielt. Diese beiden Reden gehören zu den besten Beispielen für öffentliche Präsentationen mit eindrucksvoller Überzeugungskraft.

Ich hoffe, Sie haben Martin Luther Kings epische Ansprache gesehen (die am Fuße des Lincoln-Denkmals mehr als 500.000 Menschen vorgeführt wurde). Sie ist unter dem Titel „Ich habe einen Traum" bekannt. Sie dauert keine 20 Minuten, aber ihre Wirkung wird mehrere hundert Jahre anhalten.

Ähnlich wie Lincoln in seiner berühmten Rede „Gettysburg Address" sprach Martin Luther King Jr. über die Vergangenheit, die Gegenwart und die mögliche Zukunft. Kings Worte waren nicht nur perfekt gewählt, sie wurden außerdem mit einer Eloquenz und Leidenschaft vorgetragen, die ich nie wieder erlebt habe.

Ich besitze die Rede als Video- und Audioaufzeichnung. Und ich persönlich habe ihr noch nie gelauscht, ohne extrem emotional zu werden – oft hat sie mich zum Weinen gebracht. King spricht den Satz „Ich habe einen Traum" erst fast am Ende seiner Rede aus, und er fordert 500.000 Menschen dazu auf, seinem Traum zu folgen. Und das tun sie.

John F. Kennedys Rede war voller Herausforderungen. Er sprach über die Chancen, die die Amerikaner (und Amerika) haben.

Er beendete seine Ansprache mit der bedeutendsten Herausforderung, die je bei einer Antrittsrede formuliert wurde: „Fragen Sie nicht, was Ihr Land für Sie tun kann. Fragen Sie, was Sie für Ihr Land tun können."

Diese Rede hielt Kennedy im Januar 1961, und sie ist heute noch so relevant, wie sie es damals war. Kennedys Rede war nicht nur klassisch, sie war zeitlos.

Ich fordere Sie nicht dazu auf, für das höchste Staatsamt zu kandidieren oder eine Bürgerrechtsbewegung zu gründen. Aber ich fordere Sie dazu auf, dass Sie die eindrucksvollen, überzeugenden Präsentationen anderer Menschen studieren, wenn Sie die Macht der Überredung zu Ihrem Vorteil nutzen wollen. Diese werden Sie nicht nur inspirieren, sondern auch die Messlatte dafür legen, was Sie in Ihrem eigenen Einflussbereich erreichen oder anstreben können.

Haben Sie einen Traum? Wenn ja, sorgen Sie dafür, dass Sie die Leidenschaft besitzen, um ihn mit anderen Menschen auf eine Weise zu teilen, die es diesen ermöglicht, Ihnen bei der Verwirklichung Ihres Traums zu helfen.

„Das ultimative Kriterium, an dem sich ein Mensch messen lassen muss, ist nicht, wo er in Momenten der Bequemlichkeit steht, sondern wo er in Zeiten der Herausforderung und Kontroversen steht."
– Martin Luther King Jr. (1929-1968)

„Ohne Zweck und ohne Richtung sind jede Anstrengung und jeder Mut vergeblich."
– John F. Kennedy (1917-1963)

Ihre Macht ist nutzlos, außer Sie nutzen sie.

– Jeffrey Gitomer

Die Macht der Begeisterung verstehen

Als ich entdeckte, dass das Geheimnis des Verkaufens Begeisterung ist, begann ich zu untersuchen, was Begeisterung erzeugt.

Ich sage meinen Zuhörern: „Wenn ein Kunde oder Interessent sagt, ‚ich bin nicht interessiert‘, will er eigentlich sagen, dass Sie nicht interessant sind. Der potenzielle Kunde würde aber nie sagen: ‚Sie sind nicht *interessant*‘. Stattdessen nimmt er die Schuld auf sich und sagt: ‚Ich bin nicht *interessiert*.‘"

„Ich bin nicht interessiert" ist ein Symptom. Das zugrunde liegende Problem ist, dass es Ihnen nicht gelungen ist, Ihren Gesprächspartner so zu faszinieren, dass er zu einem Dialog mit Ihnen bereit ist – oder dass er in Ihnen einen Wert oder Unterschied gegenüber anderen Menschen erkennt, denen er begegnet ist.

Begeisterung entsteht, wenn die richtigen Fragen gestellt werden – Fragen über Ihren Gesprächspartner, die diesen einhalten und nachdenken lassen, ihn dazu veranlassen, über die neue Information nachzudenken und in Ihrem Sinne zu antworten.

Begeisterung ist so einflussreich, dass Sie ohne sie kein Gespräch führen, kein soziales Leben haben, keinen Verkauf erzielen und in keinem Unternehmen aufsteigen können. Und ohne Begeisterung ist Ihre Fähigkeit, selbst die einfachste Herausforderung oder Idee zu kommunizieren, vergeblich.

Wie Überredung und Präsentation ist auch die Begeisterung eine Chance; eine Chance, die nie genutzt werden wird, wenn Ihr Hauptziel darin besteht, andere Menschen dazu zu bewegen, dass sie sich für *Sie* interessieren, bevor Sie versuchen zu erreichen, dass sie sich für *sich selbst* interessieren.

> „Sie können sich in zwei Monaten
> mehr Freunde machen, indem sie sich für
> andere Menschen interessieren,
> als Sie in zwei Jahren gewinnen können,
> wenn Sie versuchen, andere Menschen
> dazu zu bringen, sich für Sie
> zu interessieren."
> – Dale Carnegie

> „Wenn ein Kunde sagt, er sei nicht
> interessiert, will er damit sagen,
> dass Sie nicht interessant sind."
> – Jeffrey Gitomer

Begeisterung ist der Honig der Überredung. Begeisterung ist der Honig der Präsentation. Sie können so viel überreden und präsentieren, wie Sie wollen – wenn es Ihnen nicht gelingt, andere Menschen zu faszinieren, werden Sie nie das bekommen, was Sie wollen.

ELEMENT 4

DIE WESENTLICHSTEN PUNKTE ZUR DURCHSETZUNG IHRER VORSTELLUNGEN

„Warum rennt jeder zum Kühlschrank, um sich etwas zu essen zu holen, sobald ich meinen 30-sekündigen Eigenwerbespot abspule?"

„Das ist ihre höfliche Art, unhöflich zu sein."

Die professionelle Entwicklung eines Präsentatoren

1. BEREITEN SIE SICH VOR. Den Inhalt Ihrer Präsentation, Ihre Stimmung, Ihr Sprechtempo, Ihren Ton, Ihre Gesten, Ihre Leidenschaft, Ihre Kenntnis des Themas, Ihre Geschichte, Ihre Prägnanz und Ihre Überzeugungskraft.

TIPP: Informieren Sie sich über Ihre Zuhörer, befragen Sie einige Ihrer Präsentationsteilnehmer vorab – oder gehen Sie unter.

2. STELLEN SIE SICH SELBER 8,5 FRAGEN.

1. Welches ist mein Zeitlimit?
2. Ist dies die überzeugendste Botschaft, die ich kreieren kann?
3. Welches Argument will ich eigentlich deutlich machen?
4. Löse ich Begeisterung aus?
5. Was wird die Zuhörer überzeugen?
6. Bin ich klar? Ist meine Botschaft klar?
7. Ist die Art und Weise meines Vortrags die bestmögliche?
8. Was sollen meine Zuhörer nach meiner Präsentation tun?
8,5. Was sollen meine Zuhörer zu mir (oder über mich) sagen, wenn ich fertig bin?

TIPP: Die Antworten auf diese Fragen werden Ihren Vortrag straffen und ihn zu einer großartigen Präsentation machen. Ihr Ziel ist, die Botschaft so zu vermitteln, dass Ihre Zuhörer gar nicht anders können, als in Ihrem Sinne zu handeln.

3. ÜBEN SIE VOR ANDEREN MENSCHEN, DIE SICH NICHT DAVOR SCHEUEN, SIE ZU BEWERTEN.

4. NEHMEN SIE EINE ÜBUNGSSITZUNG AUF. Wenn Sie die Aufnahme hören und denken: *„Wie ätzend"*, dann ist das genau das, was Ihre Zuhörer denken werden. Das sind Sie – machen Sie's besser.

5. HÖREN SIE SICH IHRE EIGENE AUFNAHME SO OFT AN, WIE SIE SIE ERTRAGEN KÖNNEN. Erkennen Sie, wo Sie eine Betonung setzen müssen, und prägen Sie sich diese Stellen ein. Erkennen Sie, welche Formulierung dämlich klingt und streichen Sie sie. Nehmen Sie das Ganze noch einmal auf.

6. ÜBEN SIE SO, ALS HIELTEN SIE BEREITS DIE PRÄSENTATION. Üben Sie jedes Mal den „Ernstfall".

7. WENN IHRE FAMILIE UND FREUNDE GLAUBEN, SIE SEIEN DURCHGEDREHT, SIND SIE AUF DEM RICHTIGEN WEG.

8. BESTIMMEN SIE VOR JEDER ÜBUNGSPRÄSENTATION EINE PERSON, DIE SIE BEWERTET.

9. NEHMEN SIE DIE EIGENTLICHE PRÄSENTATION AUF VIDEO AUF.

9,5. SEHEN SIE SICH DAS VIDEO ZWEI MAL AN. Erstellen Sie eine Liste der „Nie-wieder"-Punkte, und tragen Sie sie die nächsten drei Jahre mit sich herum.

Ich habe Ihnen hier die Elemente genannt, die Sie brauchen, um eine erinnerungswürdige Präsentation zu halten. Auf der nächsten Seite gebe ich Ihnen eine Liste an Strategien, die Sie anwenden können und die Ihre Präsentation wirklich fesselnd machen.

Aber seien Sie sich darüber im Klaren, dass die Lektüre dieser Liste allein nicht ausreicht. Sie müssen jeden Punkt der Liste in die Praxis umsetzen. Und dann werden Sie im Verlauf der Zeit ganz allmählich ein herausragender Präsentator.

Hier sind 11,5 Richtlinien für eine überzeugende Präsentation:

1. **Entspannen Sie sich.** Das ist ein Vortrag, kein Gerichtsprozess.
2. **Je besser Sie vorbereitet sind, desto weniger Nervosität werden Sie verspüren.**
3. **Bringen Sie Ihre Zuhörer dazu, Sie zu mögen.** Je schneller, desto besser.
4. **Danken Sie niemandem für gar nichts, bevor Sie Ihren Vortrag begonnen haben.** Beginnen Sie, als befänden Sie sich mitten in Ihrem Vortrag, und treffen Sie so schnell wie möglich eine Aussage, die Begeisterung auslöst.
5. **Wenn Sie witzig sind, stehen Ihre Chancen besser, eine Verbindung zu Ihrem Publikum herzustellen.** Witz gewinnt Sympathien.
6. **Keiner interessiert sich für Sie.** Ihre Zuhörer interessieren sich für sich selbst. Sprechen Sie über sie.
7. **Material schlägt Stil.** Der Stoff ist wichtiger als das Kleid.
8. **Stil und Kleid bringen einen erstklassigen Stoff richtig zur Geltung.**
9. **Verwenden Sie vermittelbare Konzepte.** Damit können Sie Ihre Zuhörer gewinnen.
10. **Seien Sie einen Tick besser als irgendeiner Ihrer Zuhörer.** Aber präsentieren Sie auf deren Ebene.
11. **Verwenden Sie mehrere Erkennungsworte, -sätze und -gesten.** Damit können Sie Ihre Zuhörer gewinnen.
11,5. **Informieren Sie sich über Ihre Zuhörer.** Bevor Sie auch nur ein Wort sagen, sollten Sie über deren Geschäft und seine Nuancen Bescheid wissen.

HIER IST DAS GEHEIMNIS: Je öfter Sie sprechen und je besser Sie werden, desto häufiger werden Sie Ihre Vorstellungen durchsetzen.

In den ersten Minuten, in denen Sie zu jemandem sprechen, entscheidet Ihr Gesprächspartner, ob er Sie sympathisch findet oder nicht.

Je mehr Sie über ihn sprechen und je mehr Sie über ihn wissen wollen, desto sympathischer wird er Sie finden.

– Jeffrey Gitomer

Sehen Sie gut aus, treten Sie noch besser auf, seien Sie meisterhaft in der Überredung und setzen Sie Ihre Vorstellungen durch

Im Verlauf Ihrer Präsentation können Ihr äußeres Erscheinungsbild und Ihr Auftreten Ihre Fähigkeit, Ihre Zuhörer zu begeistern und sie zu überzeugen, verstärken (oder beeinträchtigen).

Jeder Punkt der nachfolgenden Aufzählung beschreibt Dinge, von denen Sie wissen, wie sie richtig gemacht werden beziehungsweise die man Ihnen beizubringen versucht hat. Das Problem ist, dass Sie sie möglicherweise trotzdem nicht richtig machen. Machen Sie die folgende Übung als Selbsteinschätzung. Bitten Sie anschließend einen Freund, Kollegen (oder Ihren Vorgesetzten, wenn Sie sich trauen), dieselbe Bewertung noch einmal vorzunehmen, und vergleichen Sie die Ergebnisse.

Kreuzen Sie die Zahlen auf der rechten Seite an, die Ihre gegenwärtige Situation beziehungsweise den Stand Ihrer derzeitigen Fähigkeiten am besten wiedergeben.

1 = Nie, 2 = Selten, 3 = Manchmal, 4 = Oft, 5 = Immer

- ❒ Ich stehe gerade und aufrecht. **1 2 3 4 5**
- ❒ Meine Augen sind klar und strahlend und nicht rot, glasig und müde. **1 2 3 4 5**

- ❏ Mein Sprechtempo ist perfekt. **1 2 3 4 5**
- ❏ Ich suche und halte guten Augenkontakt, der Vertrauen ausdrückt und erzeugt. **1 2 3 4 5**
- ❏ Wenn ich rauche, rieche ich aber nicht nach Nikotin. **1 2 3 4 5**
- ❏ Ich trage angemessene Kleidung. **1 2 3 4 5**
- ❏ Mein Äußeres ist tadellos; meine Kleidung ist gebügelt. **1 2 3 4 5**
- ❏ Ich sehe professionell aus – so wie meine Zuhörer oder sogar besser. **1 2 3 4 5**
- ❏ Ich verwende erstklassige Accessoires (Aktenkoffer, Tasche, Füllfederhalter). **1 2 3 4 5**
- ❏ Ich habe vor Beginn der Präsentation alles vorbereitet und geordnet. **1 2 3 4 5**
- ❏ Ich bin entspannt. **1 2 3 4 5**
- ❏ Ich lächle. **1 2 3 4 5**

Wenn Sie bei irgendeinem Punkt eine 1, 2 oder 3 angekreuzt haben, dann merken Sie sich den Punkt und arbeiten Sie daran. Wenn Sie keine 1, 2 oder 3 angekreuzt haben, dann arbeiten Sie an der Verbesserung Ihrer 4. Wenn Sie nur 5 angekreuzt haben, dann müssen Sie der beste und reichste Präsentator der Welt sein. Ich brauche einen großen Bankkredit. Bitte rufen Sie mich an, damit wir die Konditionen besprechen können.

Lassen Sie eine unbeteiligte Person diesen Test machen und Sie bewerten.
Bei der Präsentation kommt es nicht darauf an, wie Sie sich selber sehen,
sondern wie andere Sie erleben.

Harmonisieren, NICHT manipulieren

Viele Menschen verwechseln Überredung mit Manipulation oder Druck. Ein großer Fehler.

In den Anfangszeiten des Verkaufs trug dieser einen Vornamen: „Hochdruck". Die Telemarketing-Räume wurden als so genannte „Boiler Rooms" – eine Art Heizkessel – bezeichnet. Die Wahrheit ist jedoch, dass Überredung mit dem Begriff *langfristig* gekoppelt werden muss.

Am Ende der Überredung steht ein *Ergebnis*. Sie haben jemanden davon überzeugt, Ihren Vorstellungen zu folgen, und als Folge wird etwas passieren.

Eine langfristige Beziehung hängt oft von dem Ergebnis der Überredung ab.

Wenn Sie versuchen, jemanden zu zwingen oder ihm auf Teufel komm raus etwas andrehen wollen, verfolgen Sie möglicherweise kein langfristiges Motiv. Kurzfristig motivierte Verkäufe offenbaren sich häufig durch die Sprache und die Taktiken, die der Verkäufer anwendet – so genannte Verkaufstechniken. Eigentlich handelt es sich dabei aber um Manipulation, genauer gesagt um mentale Manipulation. Man spricht dann davon, dass „mit Gefühlen gespielt wird" oder von „aufdringlichen Verkäufern".

Die gute Seite der Überredung ist die *Harmonisierung*. Das bedeutet, dass Sie eine Person oder eine Gruppe von Personen entweder durch Logik oder durch Gefühle davon überzeugt haben, Ihrer Sichtweise zu folgen, die Dinge nach Ihren Wünschen zu machen oder etwas von Ihnen zu kaufen.

Überredung beziehungsweise Überzeugung nimmt alle möglichen Formen an. Dabei kann es sich um etwas ganz Simples handeln, zum Beispiel etwas, das Sie von Ihren Eltern wollen, ein Date, die Überzeugung Ihres Partners, dass er Ihrer Sichtweise folgen möge, die Kontrolle über die Fernbedienung, den Wunsch, zu einem Fußballspiel statt zum Shoppen zu gehen, oder es kann sich um ernsthaftere Dinge handeln – die Entscheidung für ein bestimmtes Auto oder Haus, für eine bestimmte Schule oder sogar den Lebenspartner.

Jede dieser Entscheidungen enthält Elemente der Überredung, selbst wenn die zu überredende Person Sie selber sind.

Je größer die Harmonie, die Sie erzielen, desto weniger Gewissensbisse werden Sie kurz danach empfinden. Einige Menschen bezeichnen das als „Kaufreue". Ich ziehe es vor, das als „Realität" oder „Einzug der Realität" zu bezeichnen. Die Realität des Geldes. Die Realität der Neubewertung von Gefühlen. Oder die Realität eines Urteils, das Sie gefällt haben.

Es gibt ein Geheimnis über emotionale Entscheidungen und ihr späteres Bedauern. Das Geheimnis lautet *nach vorne blicken*. In dem zu schwelgen, was falsch gelaufen ist, bringt Sie nie dahin, was richtig ist. Wenn irgendetwas im Überredungsprozess nicht funktioniert hat, dann lernen Sie daraus, aber jammern Sie nicht darüber und bereuen Sie es nicht.

Wie Sie die Botschaft Ihrer Eigenwerbung so vermitteln, dass Sie bekommen, was Sie wollen

Wenn Sie Networking betreiben oder eine Konferenz besuchen, dann halten Sie nach Kontakten und möglichen Interessenten Ausschau.

Ihre Eigenwerbung (auch als Aufzugrede oder Cocktail-Rede bezeichnet) ist eine Gelegenheit, Informationen zu liefern, die das Interesse und die Reaktion der Menschen wecken, mit denen Sie in Kontakt treten.

Das sind das Vorspiel und der Wegbereiter für die Herstellung einer Verbindung, die Erzielung eines Verkaufs und die Durchsetzung Ihrer Vorstellungen.

Wie effektiv ist Ihre Eigenwerbung? *Haben Sie überhaupt eine?*

Ihr Ziel lautet, in 30 Sekunden die wichtigsten Informationen zu übermitteln. Das heißt, mitzuteilen, wer Sie sind und welches Unternehmen Sie repräsentieren und kreativ zu schildern, was Sie tun.

Nachdem Sie das in wenigen Worten gesagt haben, stellen Sie viele Fragen. Stellen Sie eine (oder eine Reihe von) eindrucksvolle Frage, die Interesse weckt. Treffen Sie eine eindrucksvolle Aussage, die deutlich macht, wie Sie anderen helfen können. Und enden Sie mit einer Begründung, warum potenzielle Interessenten jetzt handeln sollten.

Die Informationen, die Sie aus Ihren Power-Fragen gewinnen, werden es Ihnen ermöglichen, eine eindrucksvolle Antwort zu formulieren, die deutlich macht, dass Sie Ihren Zuhörern von Nutzen sein können. Sie müssen offene Fragen stellen, die Ihre Zuhörer dazu veranlassen, nachzudenken und sich ausführlich zu äußern, anstatt einfach Ja oder Nein zu sagen.

> Es gibt keinen Grund,
> einem Interessenten zu sagen,
> wie Sie ihm helfen können,
> so lange Sie nicht herausgefunden haben,
> welche Art von Hilfe er benötigt.

Die Power-Fragen sind der kritischste Teil des Prozesses, weil sie dazu dienen, herauszufinden, wie interessant Ihr neuer Kontakt für Sie ist, Ihre eindrucksvolle Antwort bestimmen und den Interessenten zum Nachdenken bringen.

Bei der Formulierung der Power-Fragen für Ihre Eigenwerbung stellen Sie sich selbst die folgenden fünf Fragen:

1. **Welche Informationen will ich als Antwort auf meine Fragen erhalten?**
2. **Kann ich die Werte des potenziellen Kunden als Ergebnis meiner Fragen einstufen?**
3. **Bedarf es mehr als einer Frage, um die Information zu erhalten, die ich brauche?**
4. **Bringen meine Fragen den Interessenten zum Nachdenken?**
5. **Kann ich Fragen stellen, die mich von meinem Wettbewerber differenzieren?**

Hier einige Ansätze zu Power-Fragen, die Bedarfsgebiete aufdecken:

- Wonach suchen Sie?
- Was haben Sie gefunden?
- Was schlagen Sie vor?
- Was ist Ihre Erfahrung …?
- Wie haben Sie erfolgreich … verwendet?
- Wie bestimmen Sie …?
- Warum ist das ein entscheidender Faktor?
- Warum haben Sie … gewählt?
- Was gefällt Ihnen an …?
- Was würden Sie gerne an … verbessern?
- Was würden Sie gerne an … verändern? (Fragen Sie nicht, „Was gefällt Ihnen nicht an …?")
- Gibt es andere Faktoren?
- Was tun Ihre Wettbewerber gegen …?
- Wie reagieren Ihre Kunden auf …?
- Wie machen Sie derzeit …?
- Was tun Sie, um …?
- Wie oft kontaktieren Sie …?
- Was tun Sie, um sicherzustellen, dass …?

Sie sollten eine Liste mit 25 Power-Fragen anlegen, die Ihren Interessenten zum Nachdenken bringen und ihn dazu veranlassen, Ihnen die Informationen zu geben, die Sie brauchen, um ihn zu überzeugen.

Der Abschluss Ihrer 30-sekündigen Eigenwerbung sollte ein Aufruf zum Handeln sein – eine Schlussfolgerung, eine Aussage oder eine Frage, die einen weiteren Kontakt gewährleistet.

Hier ein Beispiel für eine Eigenwerbung:

Nehmen wir an, Sie würden mit einer Kundin ihre Handelsverbandstagung besuchen und sie würde Sie einem möglichen Interessenten vorstellen. Dieser fragt Sie: „Was machen Sie?" Wenn Sie in der Arbeitnehmerüberlassung tätig sind und antworten: „Ich bin in der Arbeitnehmerüberlassung tätig", dann sollte man Sie entlassen.

Ihre Antwort sollte lauten: „Ich stelle Unternehmen wie Ihrem bei Engpässen hoch qualifizierte Mitarbeiter für zeitlich begrenzte Arbeitseinsätze zur Verfügung, so dass es im Falle einer Erkrankung oder während urlaubsbedingter oder sonstiger Abwesenheit nicht zu Produktivitätsverlusten oder einer Beeinträchtigung des Kundenservices kommt." *Sagen Sie etwas in diese Sinne, und die Person, mit der Sie sprechen, wird unweigerlich beeindruckt sein.*

Nun, da Sie die Aufmerksamkeit Ihres potenziellen Interessenten geweckt haben, stellen Sie Ihre Power-Fragen, um herauszufinden, ob es sich um einen potenziell wertvollen Kunden handelt.

„Wie viele Mitarbeiter beschäftigen Sie?", fragen Sie. „Auf wie viele Urlaubswochen haben Ihre Mitarbeiter Anspruch?", „Wie stellen Sie sicher, dass der Kundenservice in Urlaubszeiten nicht leidet?"

Stellen Sie Ihre Power-Fragen so lange, bis Sie alle Informationen haben, die Sie brauchen.

Nachdem Sie Ihre Power-Fragen gestellt haben, treffen Sie Ihre Power-Aussage (wie Sie Ihrem neuen Kontakt helfen können) und nennen einen Grund, warum Ihr Interessent jetzt handeln sollte.

„Ich bin auf den Einsatz kompetenter, cleverer Mitarbeiter spezialisiert, keine Aushilfskräfte. Ich weiß, dass Sie sich bei Erkrankung oder während der Urlaubszeiten keine schlechte Arbeitsmoral oder eine Beeinträchtigung des Services leisten können. Ich schlage Ihnen Folgendes vor: … (Das ist Ihre Aussage, die zur Handlung aufruft und die Begründung, die diese Handlung auslöst.) Treffen wir uns zum Geschäftsfrühstück, und dann sprechen wir über Ihre letzten Personalengpässe. Wir sprechen darüber, wie sie gehandhabt wurden und wie die nächsten personellen Engpässe erfolgreich bewältigt werden können. Wenn ich glaube, dass ich Ihnen helfen kann, werde ich es Ihnen sagen. Und wenn ich meine, dass ich Ihnen nicht helfen kann, werde ich Ihnen auch das sagen. Ist das für Sie ein akzeptabler Vorschlag?"

Nutzen Sie dieses Beispiel als Hilfe für den Entwurf Ihrer eigenen Eigenwerbung. Und üben Sie sie, nachdem Sie sie aufgeschrieben haben. Und dann gehen Sie nach draußen, probieren sie aus und passen sie an die realen Gegebenheiten an.

Anschließend üben Sie Ihre Eigenwerbung so lange (mehr als 25 Mal als Echtsituation), bis Sie sie im Schlaf beherrschen.

Kostenloser GIT✗Bit: … Wollen Sie mehr darüber erfahren, was eine Power-Aussage ist, inklusive ihres Zwecks? Um einen Ausschnitt aus dem Abschnitt „You are now under my Power (Statement)" meines Buches *The Sales Bible* zu lesen, rufen Sie die Website www.gitomer.com auf, registrieren Sie sich beim ersten Besuch als Nutzer und geben Sie POWER STATEMENT in die GitBit-Box ein.

Arbeitsblatt zur Entwicklung Ihrer Eigenwerbung

ANLEITUNG: Füllen Sie dieses zweiseitige Formblatt aus. Lesen Sie es von oben nach unten. Verwenden Sie dabei einige Personalpronomina. Prüfen Sie die Zeit, die Sie für den Vortrag brauchen. Üben Sie den Vortrag. Verinnerlichen Sie ihn. Und voilà!

Mein Name: _____
Mein Unternehmen: _____
Meine Tätigkeit: _____

„Bevor wir unser Meeting beginnen, lassen Sie uns unsere Kontaktlinsen tauschen. Das könnte uns dabei helfen, die Dinge aus der jeweils anderen Blickrichtung zu betrachten."

Meine Power-Fragen: _____

_____

_____

_____

_____

Meine Power-Aussage: _____

_____

_____

_____

_____

Wie ich helfen kann: _____

_____

_____

_____

_____

Warum der mögliche Interessent jetzt handeln sollte: _____

_____

_____

_____

_____

PowerPoint-Langweiler: Das sind doch nicht Sie, da am Laptop – oder etwa doch?

In einer Hotel-Lobby ging ich an einem Verkäufer und einem Käufer vorbei, die in eine Verkaufspräsentation vertieft waren. Der Verkäufer war ganz versessen darauf, den „Abschluss" herbeizuführen. Während er methodisch durch seine PowerPoint-Präsentation klickte, war sein Blick starr auf seinen Laptop fixiert.

Was mir auffiel, war, dass der potenzielle Kunde ihm überhaupt keine Beachtung schenkte. Tatsächlich schien sich sein Blick irgendwo im Universum zu verlieren, jedenfalls war er weit weg von der Präsentation.

Als ich das bemerkte, ging ich zu den beiden hin und sagte zum Verkäufer: „Was machen Sie da? Ihr Gesprächspartner schenkt Ihnen überhaupt keine Beachtung."

Dann wandte ich mich an den potenziellen Käufer und fragte: „Kaufen Sie oder nicht?" Dieser antwortete leicht alarmiert: „Ja, das tue ich."

Daraufhin sagte ich: „Großartig! Dann schließen Sie den Kauf jetzt sofort ab." Und dann ging ich grinsend davon.

Diese Begegnung erinnerte mich an einen alten Verkaufswitz: „Sie können noch nicht kaufen, ich bin noch nicht mit meiner Präsentation fertig." Nun, auch wenn dieses Szenario amüsant ist, wenn Sie während einer Verkaufspräsentation PowerPoint einsetzen, dann sind Sie – ja, Sie – in derselben Situation.

Die meisten PowerPoint-Präsentationen, die ich erlebe, sind irgendwo zwischen langweilig und erbarmungswürdig angesiedelt. Das Ziel einer Präsentation ist die Übermittlung einer unwiderstehlichen, zuhörerorientierten und vermittelbaren Botschaft. PowerPoint dient allein zur Verstärkung der Botschaft des Präsentierenden.

Die nachfolgende Liste enthält 15,5 Elemente, die Sie bei der Erstellung einer überzeugenden und interessanten PowerPoint-Präsentation berücksichtigen, einfügen oder auslassen sollten:

1. Denken Sie nicht einmal im Traum daran, dümmliche Clip-Arts zu verwenden, die jeder Zwölfjährige im Computer finden könnte. Damit erwecken Sie den Eindruck eines absoluten Amateurs. Verwenden Sie Ihre eigenen Clip-Arts, eigene Fotos oder gar nichts.

2. Fügen Sie ein unerwartetes, persönliches, WITZIGES Foto ein.

3. Treffen Sie eine verbale Aussage und unterstreichen Sie sie mit einer Folie, aber niemals umgekehrt.

4. Sagen Sie NIEMALS: „Diese hier ist ein bisschen schwer zu lesen." Folien bekommen Sie umsonst. Verteilen Sie den Text einfach auf zwei Folien.

5. Verzichten Sie auf Animationsspielereien wie das versetzte Einblenden von Text. Völlige Zeitverschwendung.

6. Nie mehr als ein Punkt pro Folie.

7. Zählen Sie die Lacher. Mindestens einer alle fünf Folien. (Wenn Sie das erreichen, können Sie auf etwas anderes zählen: Geld.)

8. Verwenden Sie einen weißen Hintergrund. Farbspielereien lenken ab und dienen keinem Zweck.

9. Verwenden Sie den Schrifttyp IMPACT. Richten Sie die Master-Folie auf Schriftgröße 44 ein und schattieren Sie die Schrift.

10. Betonen Sie bestimmte Worte, indem Sie eine etwas größere Schrift verwenden. Geben Sie ihnen eine andere Farbe. Ich verwende Rot.

11. Wenn Sie an einer Folie herumdoktern, damit sie „funktioniert", dann löschen Sie sie. Wahrscheinlich handelte es sich dabei um einen aussageschwachen Punkt.

12. Verwenden Sie Folien, die eine Geschichte erzählen, anstatt Fakten aufzählen. Geschichten sind der wirkungs- und eindrucksvollste Teil des Verkaufs. Hier eine Regel: Zahlen und Fakten geraten in Vergessenheit, an Geschichten erinnert man sich und erzählt sie weiter.

„Meine PowerPoint-Präsentation lief so gut, dass ich Sie mir habe tätowieren lassen."

13. Wecken Ihre Folien Interesse? Es gibt zwei Arten von Folien: interessante und ablenkende. Überprüfen Sie jede Folie, und fragen Sie sich: „Wie interessant ist sie?" Wenn sie es nicht ist, warum wollen Sie sie dann verwenden?

14. Stellen Ihre Folien Fragen oder treffen sie Aussagen? Fragen fördern das Gespräch. Ihre PowerPoint-Präsentation sollte die Aufmerksamkeit der Zuhörer gewinnen, indem sie Fragen stellt und einen Dialog auslöst.

15. Wie viele der Behauptungen, die Sie in Ihrer Rede, Ihrer PowerPoint-Präsentation oder Ihrem Vortrag machen, lassen sich belegen? Was mich zum abschließenden Punkt bringt ...

15,5. Integrieren Sie in Ihre PowerPoint-Präsentation Videoclips mit Testimonials, die Ihre Behauptungen stützen und beweisen, dass sie real und übertragbar sind. Real, übertragbar und akzeptabel für Ihre Zuhörer.

Jetzt sind Sie wahrscheinlich völlig entmutigt, was Ihre PowerPoint-Präsentation betrifft, weil ich sie als „wirkungslos" heruntergemacht habe. Aber trösten Sie sich, die Folienpräsentation Ihres Wettbewerbers ist genau so schlecht.

HIER DIE GEHEIME LÖSUNG: Verwenden Sie die Zeit, die Sie damit verbringen, TV-Wiederholungen anzusehen, lieber darauf, Ihre eigene PowerPoint-Präsentation zu erstellen, die hundertprozentig auf die Bedürfnisse und Wünsche Ihrer Kunden (oder Ihrer Zuhörer) abgestimmt ist.

Kostenloser GIT Bit: ... Wollen Sie einen Musterausschnitt aus meiner PowerPoint-Präsentation „The 31,5 Characteristics of a Winner" sehen? Senden Sie eine E-Mail an yes@gitomer.com und geben Sie SLIDES in die Betreffzeile ein.

ELEMENT 5
Die Power-Präsentation

„Freunde, Römer und potenzielle Kunden ... Leihen Sie mir Ihre Kreditkarten."

Das Wichtigste über die Kunst, sich an Ihr Publikum zu verkaufen

Hier die 29,5 Power-Elemente der Präsentation:

1. SIE KÖNNEN ES – WENN SIE DARAN GLAUBEN, DASS SIE ES KÖNNEN. Ihre Präsentation wird nur so gut sein, wie Sie selber glauben (und wie Sie sie vorbereitet haben). Viele Menschen „fürchten sich", vor ein Publikum zu treten. Verwechseln Sie Angst nicht mit mangelnder Vorbereitung. Angst ist ein reaktiver mentaler Zustand, der sich leicht verändern lässt.

2. ZUERST WERDEN SIE GEKAUFT. Es geht um Glaubwürdigkeit. Ihre Glaubwürdigkeit. Man wird Ihnen Ihre Botschaft nur dann abkaufen, wenn man Sie akzeptiert hat. Sie kennen die alte Story – erschießen Sie nicht den Überbringer. Nun, das begann damit, dass Menschen schlechte Nachrichten – und in diesem Fall eine schlechte Show – ablieferten. Die Menschen kaufen weder Ihr Unternehmen noch Ihr Produkt – sie kaufen Sie. Wenn sie Sie als Person annehmen, haben Ihr Produkt oder Ihre Dienstleistung eine Chance. Wenn sie Sie ablehnen, haben Ihr Produkt oder Ihre Dienstleistung keine Chance. Und Sie werden erschossen.

3. DIE EINFÜHRUNG BESTIMMT DIE ERWARTUNG. Wenn sie zu verzagt ist, peppen Sie sie auf. Schreiben Sie Ihre Einführung und bringen Sie den Moderator dazu, sie zu üben. Gestalten Sie sie kurz, eindrucksvoll und Vertrauen erweckend.

4. IT'S SHOWTIME – SORGEN SIE FÜR EINE POSITIV GESPANNTE ATMOSPHÄRE. Musik, Folien, Video. Versetzen Sie das Publikum in die richtige Stimmung, bevor Sie mit Ihrem Vortrag beginnen. Ich lasse immer Rockmusik spielen.

5. FÜLLEN SIE DEN RAUM MIT SPANNUNG UND EINER AURA DER OFFENHEIT. Sie sind der Mittelpunkt, ob es für fünf Sekunden oder für fünf Minuten ist. Nehmen Sie die Zügel in die Hand. Stehen Sie aufrecht und seien Sie stolz.

6. BEGINNEN SIE NICHT EHER MIT IHREM VORTRAG, BIS SIE EINE GUTE BEZIEHUNG ZUM PUBLIKUM HERGESTELLT UND ES ZUM LÄCHELN GEBRACHT HABEN. Riskieren Sie Humor, um die Stimmung und Persönlichkeit Ihrer Zuhörer zu erfassen.

7. FORDERN SIE KEINE AKTIVE BETEILIGUNG. Sagen Sie nicht „Hallo", worauf die Zuhörer mit einem schwachen „Hallo" antworten. Worauf Sie sagen, „Ich sagte HALLO." Dann sind alle genervt, weil Sie sie zu etwas gezwungen und sie wie Kinder behandelt haben.

8. BRINGEN SIE SIE ZUM LACHEN; ABER ERZÄHLEN SIE KEINEN LAHMEN WITZ. Was ist ein lahmer Witz? Das wissen Sie eine Sekunde, nachdem Sie ihn erzählt haben. Sie werden Stöhnen, höfliches Gelächter oder (das Schlimmste) Schweigen vernehmen. Wenn der ganze Raum lacht, werden die Zuhörer kaufen.

9. SOLLTE ICH NOTIZEN VERWENDEN? Tun Sie, womit Sie sich wohl fühlen – vorausgesetzt, es macht einen coolen Eindruck. Benutzen Sie Stichworte oder halten Sie sich an die ausgeteilten Unterlagen. Stammeln Sie nicht – Sie müssen Ihren Vortrag im Schlaf halten können.

10. SIE ERHALTEN FÜNF EXTRAPUNKTE FÜR EIN TADELLOSES ÄUSSERES. Wählen Sie Kleidung, die zu Ihnen passt, aber achten Sie immer darauf, dass Sie modisch und gut gekleidet sind.

11. STELLEN SIE FRAGEN, DIE INTERESSE WECKEN. Fragen über Loyalität, Finanzen, Technologie, Produktverwendung, Service, Qualität oder die Zukunft. Fragen über Ihre Zuhörer – das veranlasst sie zum Nachdenken und zur Reaktion.

12. VERLEIHEN SIE IHRER BOTSCHAFT DURCH EINE EINDRUCKSVOLLE PRÄSENTATION WIRKUNG. Finden Sie einen guten Start, nennen Sie ein oder zwei Argumente, sorgen Sie für einen Lacher und finden Sie einen gelungenen Abschluss.

13. HALTEN SIE EINE ENERGIEGELADENE, KURZE, KNAPPE UND ÜBERZEUGENDE PRÄSENTATION, DIE DEN WUNSCH NACH INVOLVIERUNG ERZEUGT. Eine Präsentation, die von einer Person mit professionellen Präsentationsfähigkeiten eingeübt und gehalten wird. Die Aufmerksamkeitsspanne der Zuhörer ist kurz. Deswegen werden Folien verwendet.

14. NEHMEN SIE DIE FRAGEN DER ZUHÖRER VORWEG UND BEANTWORTEN SIE SIE BEREITS IN IHRER PRÄSENTATION. Um Glaubwürdigkeit zu erzeugen, müssen Sie auf Zweifel antworten (und sie zerstreuen). Verwenden Sie Fakten, die Sie durch Beispiele anreichern. Und erzählen Sie Geschichten, um Ihr Argument zu untermauern.

15. SAGEN SIE NIE „ÄH" ODER „EM", BEISSEN SIE SICH LIEBER DIE ZUNGE AB. Vermeiden Sie auch Füllworte wie „also", „sozusagen" und „gewissermaßen". Wenn Sie in Ihrer Präsentation ständig „äh" und „also" sagen, wird Ihr Publikum abgelenkt. Dämlichkeit beschränkt sich nicht auf Worte. Es gibt auch dämliche Gesten – die Hände in den Taschen zu vergraben, sich ständig durch die Haare zu fahren, mit einem Gegenstand herumzuspielen, ruckartige Bewegungen, mit Schlüsseln klirren. Wenn Sie das Publikum für sich gewinnen wollen, dürfen Sie nicht zulassen, dass Ihre Schwächen von Ihrer Botschaft ablenken.

16. ES GIBT BESTIMMTE ELEMENTE EINER PRÄSENTATION, DIE DARÜBER ENTSCHEIDEN, OB SIE EIN ERFOLG ODER EIN FLOP WIRD. Ihr Ton, die Intonation der Sätze, der Augenkontakt, Ihre Aussprache, Haltung, Gesten und Kleidung tragen allesamt dazu bei, dass die Klarheit Ihrer Botschaft eine Chance hat, zu ihren Empfängern durchzudringen. Tun Sie nichts, was die Übermittlung Ihrer Botschaft stört.

17. VERWENDEN SIE EIN ODER ZWEI REQUISITEN. Ich habe schon Waschlappen, eine Blechtasse, ein Glas, die Hülle eines Lippenstifts, ein Buch, einen Handspiegel und eine Plastiknachbildung von Erbrochenem verwendet. Requisiten sind witzig und verstärken Ihre Argumente.

18. FOLIEN LENKEN DIE AUFMERKSAMKEIT AB – ABER SIE VERLEIHEN IHNEN GLAUBWÜRDIGKEIT UND AUTHENTIZITÄT. Verwenden Sie sie zur Untermauerung Ihrer Thesen, oder um ein oder zwei Lacher zu erzielen. Der Schlüssel liegt darin, den Folien keine größere Bedeutung als Ihren Informationen zu verleihen. Folien sind großartig, wenn sie verwendet werden, um Begeisterung auszulösen. Eine Warnung: Folien sind ein Risiko, wenn Sie darauf angewiesen sind und die Technik versagt. Beherrschen Sie diese und sorgen Sie immer für Absicherung. Mit den Jahren bin ich zu einem ausgesprochenen Verfechter von Folien geworden, um meine Vorträge zu ergänzen und eine überzeugende Botschaft zu vermitteln. Folien bewähren sich.

19. TESTEN SIE IHR PUBLIKUM. Lassen Sie jeden Zuhörer seine reale Situation im Hinblick auf die von Ihnen gestellten Fragen auf einer Skala von 1 bis 5 einschätzen. Der Zweck dieser Selbsteinschätzung ist, ein grobes Bild darüber zu erstellen, wie weit Ihre Zuhörer nach eigener Einschätzung von dem entfernt sind, was sie mit Ihrer Botschaft anstreben.

20. ERZEUGEN SIE DAS GEFÜHL VON DRINGLICHKEIT. Einen bezwingenden Grund für sofortiges Handeln. Die Fähigkeit, Verlustangst zu erzeugen oder den Wunsch, etwas zu gewinnen, auszulösen, ist für Ihren Gesamterfolg entscheidend.

21. ENGAGIEREN SIE EINE HILFSKRAFT, DIE DIE KNÖPFE DRÜCKT, DAS LICHT DÄMPFT UND DIE UNTERLAGEN AUSTEILT. Bereiten Sie alles vor und organisieren Sie alles Nötige, bevor Sie Ihren Vortrag beginnen.

22. DIE AUFMERKSAMKEITSSPANNE IST KURZ, UND ZUHÖRER SIND UNGEDULDIG. Kommen Sie zum Wesentlichen. Nennen Sie gute Argumente. Verwenden Sie kurze, prägnante Argumente.

23. SELBST WENN SIE STINKEN, KANN IHRE STORY SIE RETTEN. Wenn Sie auch nur eine Sache vorbereiten, dann Ihre Story. Erzählen Sie Ihre eigene Geschichte, nicht die einer dritten Person.

24. ERZÄHLEN SIE EINE ECHTE GESCHICHTE, DIE KONZEPTE ENTHÄLT, AUF DIE DIE ZUHÖRER BEZUG NEHMEN KÖNNEN. Etwas, das Ihre Zuhörer zum Nachdenken bringt. Bringen Sie sie zum Lachen, ins Grübeln, lösen Sie Wünsche oder Tränen aus. Üben Sie das anschließend anhand der zuvor erwähnten Übungsmethode zur Selbsteinschätzung.

25. ERZÄHLEN SIE IHRE GESCHICHTE MIT LEIDENSCHAFT – KURZ UND EINDRUCKSVOLL. Tragen Sie sie jedes Mal so vor, als sei es das erste Mal.

26. ERBITTEN SIE VERBALE BEZEUGUNGEN DERJENIGEN, DIE SIE BEREITS ZUM HANDELN ÜBERZEUGEN KONNTEN. Je mehr Testimonials, desto eher werden Sie erreichen, was Sie wollen.

27. LIEFERN SIE MINDESTENS DREI NEUE IDEEN, DIE SICH DIREKT AUF IHRE ZUHÖRER BEZIEHEN. Wenn Sie neue Informationen liefern, wird man Sie mögen. Bringen Sie neue Ideen, wird man Sie lieben.

28. SAGEN SIE IHREN ZUHÖRERN, DASS SIE IHRE FRAGEN IM ANSCHLUSS AN DIE PRÄSENTATION BEANTWORTEN. Warnung: Eine einzige schlechte Antwort auf eine Frage vor dem gesamten Publikum kann Ihre gesamte Präsentation kaputt machen.

29. ENDEN SIE MIT EINEM LACHERFOLG, EINER TRÄNE, EINER EINDRUCKSVOLLEN AUSSAGE ODER... geben Sie nach Abschluss Ihrer Präsentation mit einer gelungenen Überleitung jemand anderem den Applaus.

29,5. VERTRAUEN ERZEUGT VERTRAUEN. Ihr Vertrauen sät Vertrauen bei Ihrem Publikum. Je stärker Sie die Präsentation steuern, desto größer wird das Vertrauen sein, das Sie ausstrahlen, und desto größer wird die Akzeptanz Ihres Publikums sein.

**Ihre Zuhörer wollen
Sie kennenlernen;
sie wollen Sie mögen,
Ihnen vertrauen,
Ihnen glauben,
Sie verstehen,
von Ihnen lernen;
sie wollen lächeln oder
lachen und
das Gefühl haben,
dass Sie sie wertschätzen.**

– Jeffrey Gitomer

Manche Dinge sind okay, andere sind nicht okay

- Es ist okay, Notizen zu verwenden.
- Es ist okay, Requisiten zu verwenden.
- Es ist okay, überzeugende Folien zu verwenden.
- Es ist okay, einen Fehler zu machen.
- Es ist okay, authentisch zu sein.
- Es ist okay, aufgeregt zu sein.

- Es ist nicht okay, nervös zu sein.
- Es ist nicht okay, unvorbereitet zu sein.
- Es ist nicht okay, nicht geübt zu haben.
- Es ist nicht okay, sich bei den Zuhörern anzubiedern.
- Es ist nicht okay, Entschuldigungen vorzubringen.
- Es ist nicht okay, über sich selber zu schwafeln.
- Es ist nicht okay, über belangloses Zeug zu schwafeln und davon auszugehen, dass das irgendjemanden interessiert.
- Es ist nicht okay, Ihre Geschichte zu erzählen, wenn sie keinen Bezug zu Ihrem Publikum hat.

Beginnen Sie mit Ihren stärksten Worten und Sätzen

Wann immer ich jemanden bei einem Vortrag oder einer Präsentation beobachte, achte ich stets auf die ersten Worte, die er von sich gibt. Sie geben mir Aufschluss darüber, welche Art der Präsentation folgen wird.

Die meisten Präsentationen sind unglaublich ineffektiv, und noch weniger haben einen starken Auftakt.

Die Strategie, die ich für den Beginn eines Vortrags stets verwendet habe, bezeichne ich als *in medias res*. Anstatt die Zuhörer zu begrüßen, beginne ich mit einer Geschichte, und zwar praktisch mitten im Satz. Das Publikum ist nicht gezwungen zuzuhören, es kann gar nicht anders als zuhören.

Wenn ich keine Geschichte erzähle, beginne ich mit einer Frage. Mit einer, von der ich glaube, dass sie einen Bezug zu den meisten meiner Zuhörer hat. Ich frage: „Wie viele von Ihnen hören beim Autofahren die Musik, mit denen Sie groß geworden sind?" Dann werden die meisten Zuhörer die Hand heben. Ich habe sofort Interesse geweckt. Sie hören nicht nur zu, sondern sie machen mit. Außerdem ist es ziemlich wahrscheinlich, dass keiner von ihnen das bisher gefragt wurde.

Und ich habe nicht nur ihr Interesse geweckt, ich habe sie auch dazu gebracht, nachzudenken und sich über neue Informationen Gedanken zu machen. Nach der ersten Frage treffe ich eine Feststellung. Nun können sie gar nicht erwarten, was ich als Nächstes sagen werde. Nach der Feststellung folgt etwas Lustiges. Ich erzähle aber keinen Witz, sondern sage etwas Humoriges.

Innerhalb der ersten zwei Minuten habe ich die Zuhörer gefesselt. Ich bringe sie dazu, über neue Informationen nachzudenken, sich aktiv einzubringen, zu lachen, und ich stelle eine These auf.

Meine bezwingenden Eröffnungssätze beginnen die Zuhörer zu fesseln. Um diese Dynamik zu erhalten, fahre ich damit fort, Informationen zu verwenden, die sie zum Nachdenken bringen, ich fahre damit fort, Aussagen über sie (nicht über mich) zu treffen, die ihr Interesse erhalten, würze das Ganze so oft wie möglich mit Humor und untermauere meine Thesen mit Beispielen und Geschichten.

Außerdem verwende ich „Überleitungen", um von einem Thema zu einem anderen zu wechseln. Indem ich Pausen einlege, kann ich neue Abschnitte markieren. Jedes Mal, wenn ich beginne, verwende ich Sätze wie: „Stellen Sie sich vor ..." oder „Wie viele von Ihnen haben jemals ...", und dann erzähle ich meine Geschichte und lege meinen Standpunkt dar.

POWER-HINWEIS: Eines der wirkungsvollsten Dinge, die ich bei der Übermittlung meiner Botschaft tue, besteht darin, mich selber durch die Verwendung bestimmter Pronomen von den Zuhörern zu distanzieren.

Physisch stehe ich neben ihnen, mental befinde ich mich mit ihnen im Einklang. Aber verbal weiß jeder Zuhörer ganz genau, dass ich vorne im Raum stehe und sie zuhören und sich Notizen machen.

Als Experte (oder DER Experte) müssen Sie mit Worten Distanz zwischen sich und Ihren Zuhörern schaffen. Ich mache das, indem ich mich selber ausschließe. Ich sage nie: „wir", ich sage: „Sie". Ich sage nie: „unser", ich sage: „Ihr". Ich sage nie: „uns", ich sage: „Ihnen."

Indem ich mich nicht in die Zuhörerschaft einschließe, zeige ich eher Selbstvertrauen als Verwundbarkeit. Ich demonstriere Überzeugung, keine Schwäche.
Und ich gebe ihnen Hoffnung, indem ich mich NICHT einschließe.

Meine persönliche Überzeugung lautet, dass jedem Sprecher, der sich bewusst oder unbewusst in seine Zuhörerschaft einschließt, sowohl das Verständnis als auch das Vertrauen zur Übermittlung einer Botschaft fehlt. Damit sucht er nach Bestätigung, anstatt helfen zu wollen.

Ich glaube außerdem, dass dies die Überzeugungskraft der Botschaft beeinträchtigt.

Wenn ein Präsentierender versucht, sich vor der Zuhörerschaft klein zu machen, dann wirkt das oft unaufrichtig, oder schlimmer noch, als Anbiederungsversuch.

Nach meiner Erfahrung (eine weitere Einleitung, die ich zu Beginn eines neuen Vortragsabschnittes verwende) bilden sich Zuhörer sehr schnell ein Urteil über die Aufrichtigkeit und Stärke einer Botschaft. Der Präsentierende oder Referent muss sich verbal distanzieren, um eine mentale Verbindung mit den Zuhörern eingehen zu können.

**Wenn Sie
überzeugen wollen,
dann müssen Sie sich
durch Haltung, Format und
Sprache positionieren.
Diese Aspekte
lassen sich durch eine
sorgfältige Wahl
der Pronomen erzielen.**

– Jeffrey Gitomer

Wenn Ihre Energie verpufft
Warum Sie sie verlieren.
Wie Sie sie wiedergewinnen.

Vor einer Gruppe (egal welcher Größe) zu sprechen, kann alles zwischen der Furcht einflößendsten Angelegenheit und der dankbarsten Erfahrung des Lebens sein. Ich habe das Glück, die Gelegenheit zu haben, mehr als 100 Vorträge pro Jahr zu halten, und das gelegentlich vor dem größten, anspruchsvollsten Publikum der Welt. Ich bin nie nervös. Oh ja, manchmal bin ich aufgeregt. Und ich bin jedes Mal voller Energie. Aber nervös? Nie.

Es heißt, Menschen fürchteten eine Präsentation mehr als den Tod.

DER GRUND: Man lebt nach einem lausigen Vortrag weiter.

Ich habe herausgefunden, warum Präsentierende (oder andere Menschen, die eine Rede halten müssen) vor und während des Vortrags „nervös" sind. Nervosität und ihre niederträchtige Zwillingsschwester „Angst" sind Symptome, keine Probleme.

Hier die Probleme, die Referenten ihre Power verlieren, sie nervös werden lassen und ihnen Angst machen:

1. FEHLENDE VORBEREITUNG. Wenn Sie nicht darauf vorbereitet sind, eine Rede zu halten, dann fühlen Sie sich unbehaglich und fürchten, unvorbereitet „erwischt" zu werden. Manchmal liegt es an der Vertrautheit mit der zu präsentierenden Materie. Oder besser gesagt, einem Mangel an *Verständnis* der Materie, kombiniert mit der Angst, mit Fragen konfrontiert zu werden, auf die Sie keine Antwort wissen. (Erinnern Sie sich an Ihre Schulzeit?)

In jedem Fall liegt die Lösung in einer zweiteiligen Vorbereitung:

Erstens müssen Sie das Thema, über das Sie sprechen, verstehen und „beherrschen." **ACHTUNG:** Ich habe nicht auswendig lernen gesagt. Auswendig lernen ist der wichtigste Grund für die Angst vor dem Präsentieren – die Angst davor, etwas zu vergessen. Wenn Sie Ihre Materie beherrschen (sie verinnerlicht haben), müssen Sie sie nicht auswendig lernen.

Zweitens sollten Sie eine Liste von Fragen vorbereiten, von denen Sie annehmen, dass Ihre Zuhörer sie stellen werden. Beantworten Sie dann jede Frage auf dem Papier. Indem Sie Ihre eigenen Fragen beantworten, verhelfen Sie sich selber zu einem größeren Wissen und gleichzeitig zu mehr Selbstvertrauen.

2. MICKRIGES SELBSTBILD. Wenn Sie glauben, dass Sie nicht sehr hübsch sind, zu viel wiegen, die falsche Hautfarbe haben oder zu alt sind, dann haben Sie Recht. Wenn Sie sich selber sagen, dass Sie der Größte sind und immer besser werden, haben Sie auch Recht. Ihre Entscheidung. Bewerten Sie sich selbst – verstecken Sie sich nicht im Schatten der Bewertung anderer Menschen.

3. MICKRIGE SELBSTACHTUNG. Dies unterscheidet sich leicht von einem mickrigen Selbstbild, und zwar dahingehend, dass Sie sich selbst und Ihre Fähigkeiten als niedrig einstufen. Irgendjemand hat Ihnen vor langer Zeit eingeredet, dass Sie dumm oder hässlich sind, und Sie haben das geglaubt. Großer Fehler. Das Heilmittel für ein mickriges Selbstbild und eine geringe Selbstachtung ist dasselbe. Gehen Sie sofort los und kaufen Sie sich *The Strangest Secret* von Earl Nightingale. Das ist eine 30-minütige Lektion über die Realität Ihrer Selbstwahrnehmung. Zwar wurde dieses Buch bereits Ende der 1950er Jahre geschrieben, aber es ist nach wie vor die eindrucksvollste und wirkungsvollste Botschaft über persönliche Entwicklung, die es gibt. **HINWEIS:** Das Heilmittel liegt in der Art und Weise, wie Sie Ihre Gedanken steuern.

4. ANGST DAVOR, SICH LÄCHERLICH ZU MACHEN. Das ist ein Bild, das sich seit den ersten Schultagen über die gesamte Schullaufbahn in Ihr Gehirn eingebrannt hat, als einige Lehrer Sie vor der ganzen Klasse der Lächerlichkeit preisgaben. Alle Mitschüler lachten Sie aus. Sie haben sich wie Fliegendreck gefühlt. Lehrer haben kein Recht, irgendjemanden lächerlich zu machen außer sich selbst.

Als meiner Tochter gesagt wurde: „Das ist eine dumme Frage", habe ich umgehend dafür gesorgt, dass sie aus der Klasse dieses Lehrers genommen wurde. Mein Rat ist ganz einfach: Wenn Sie gut vorbereitet sind, ein professionelles Äußeres und ein positives Selbstbild haben, dann wird sich die Angst davor, sich lächerlich zu machen, mit der Zeit in Luft auflösen.

5. MANGEL AN SELBSTVERTRAUEN. Das ist die komplexeste aller persönlichen Schwächen. Eigentlich handelt es sich dabei um eine Kombination aus den vier zuvor genannten Schwächen. Selbstvertrauen entsteht (oder schwindet) im Verlauf der Zeit auf Basis Ihres Denkens und Ihrer Lebenserfahrungen.

Mit jedem kleinen Sieg wächst Ihr Selbstvertrauen.

Als Sie das erste Mal versuchten, Fahrrad zu fahren, waren Sie nervös und zitterten. Diese Episode endete zweifellos mit einem Sturz, einem aufgeschlagenen Knie, Blut und lautem Heulen. Innerhalb einer Woche hatten Sie dann den Bogen heraus. Und nach zwei weiteren Wochen fuhren Sie schon freihändig Fahrrad – das Ergebnis sukzessiver erfolgreicher Erfahrungen.

Kostenloser GIT Bit: … **Ihre Erfolgserlebnisse bilden und stärken Ihre Erfolgshaltung.** Wenn Sie mehr darüber wissen wollen, besuchen Sie die Website www.gitomer.com, registrieren Sie sich bei Ihrem ersten Besuch als Nutzer und geben Sie die Worte SUCCESS ATTITUDE in die GitBit-Box ein.

Wie Sie Ihre Energie zurückgewinnen

Der beste Weg, um einen Energieverlust zu verhindern, ist, ausreichend Energie in Reserve zu haben, um sie während Ihres Vortrags zu aktivieren.

Ich weiß, das klingt nach einem Energieversorger. Eigentlich gibt es da ziemliche Parallelen. Sie müssen über eine gewisse Basis an mentaler und verbaler Energie verfügen, die Sie in Ihrem Gehirn auf Vorrat halten, damit Sie darauf zurückgreifen können, wenn diese Reserve während Ihrer Präsentation aufgebraucht wird.

Hier einige Ideen, die Sie auf eine „angstfreie" Schiene bringen:

SCHWELGEN SIE IN VERGANGENEN SIEGEN UND ERFOLGEN. Erinnern Sie sich selbst an Ihre Erfolge und nicht an Ihre Misserfolge.

SCHREIBEN SIE AUF, WARUM SIE ANGST HABEN. Viele Menschen haben Angst, aber keinen blassen Schimmer, wo sie herkommt. Manchmal reicht es schon aus, die Ursachen aufzudecken, damit sich die Angst in Luft auflöst.

FÜTTERN SIE IHREN KOPF. Wie erwähnt, liegt die beste Vertrauen bildende Antwort in Earl Nightingales Werk *The Strangest Secret*. Ich empfehle Ihnen, sich das Hörbuch ein Jahr lang einmal pro Woche anzuhören und für den Rest des Lebens einmal monatlich. Ich mache das – und bisher funktioniert es.

TESTEN SIE IHR KÖNNEN IN EINER SICHEREN ATMOSPHÄRE. Halten Sie unentgeltliche Vorträge in Ihrer lokalen Bürgervereinigung. Alle Gruppen, die sich wöchentlich treffen, brauchen einen 15-Minuten-Redner. Das sollten Sie sein. Wer weiß, möglicherweise knüpfen Sie sogar ein paar wichtige Kontakte.

ÜBEN SIE FÜR SICH ALLEIN. Gehen Sie am Strand spazieren und führen Sie Selbstgespräche. Setzen Sie sich in Ihr Zimmer, schließen Sie die Tür und lesen Sie sich laut vor. Mit der Zeit werden Sie immer besser werden. 15 Minuten am Tag reichen aus.

NEHMEN SIE SICH SELBST AUF. Es gibt keinen besseren Lehrer als die Aufzeichnung der eigenen Stimme. Sie haben zwei Optionen. Sie können sich selber zuhören und denken, wie schlecht Sie sind, oder Sie können sich selbst zuhören und sich notieren, wo Sie sich verbessern und woran Sie arbeiten können. Sich selbst aufzunehmen, ist das beste Element der Selbstverbesserung.

WERDEN SIE MITGLIED IN EINEM TOASTMASTER-CLUB. Egal wo Sie leben, gibt es einen Rhetorik-Club in der Nähe. Informieren Sie sich im Internet und treten Sie in den am nächsten gelegenen Club ein. Rhetorik-Clubs bieten eine leichte, lustige, kostengünstige, nicht bedrohliche und unterstützende Atmosphäre, in der Sie Ihre Präsentationsfähigkeiten verbessern können.

VERSAMMELN SIE EINE GRUPPE GLEICHGESINNTER UND HALTEN SIE SICH GEGENSEITIG VORTRÄGE. Eine Rhetorikrunde von fünf Freunden oder Geschäftspartnern, die sich einmal pro Woche reihum zu Hause treffen und sich gegenseitig 5-minütige Vorträge halten, ist besser investierte Zeit als die Verfolgung der x-ten TV-Wiederholung. Auf diese Weise können Sie Selbstvertrauen, Fähigkeiten und Freundschaften entfalten.

LEITEN SIE EINEN AUSSCHUSS IN EINER GESCHÄFTSORGANISATION. Werden Sie Sprecher der Organisation. Leiten Sie die Umsetzung einer Idee oder eines Projekts.

HABEN SIE SPASS – RUFEN SIE EINE RADIOTALKSHOW AN. Das ist anonym und eine leidenschaftliche Erfahrung. Dort sagen Sie, was Sie fühlen. Nehmen Sie das auf und vergleichen Sie das mit Ihren anderen Aufzeichnungen. Ich wette, es ist besser. Der Grund? Leidenschaft erfordert weniger rationales Denken. Sie kommt direkt vom Herzen. Und das sollte ein Hinweis sein – ein Hinweis so groß wie ein *Monument*.

Erzählen Sie eine Geschichte – enden Sie mit einer Pointe

Haben Sie jemals Aesops Fabeln gelesen? Aesop war derjenige, der Geschichten mit einer Moral schrieb. Es ist wichtig anzumerken, dass die Moral immer am Ende der Geschichte stand.

Vor 2.500 Jahren versuchte Aesop, den Lesern mitzuteilen, wie sie überzeugend und gewinnend sein können, wie sie das Interesse des Publikums zum Höhepunkt bringen können, wie sie es dazu bewegen, ihrer Sichtweise zu folgen und wie sie ihren Standpunkt oder ihre Moral deutlich machen können.

Kurz gesagt, gelang es Aesop durch sein Schreiben, Sie zu umwerben, zu beeindrucken und Sie etwas zu lehren.

Er tat das in Form von Geschichten. Wenn Sie eine Geschichte erzählen, ist das Ziel, dass die Zuhörer Ihnen zustimmen, von Ihnen lernen und sich von Ihnen überzeugen lassen – durch eine Parabel, eine Metapher oder eine vergleichbare Situation, die Sie schildern.

ACHTUNG: Sagen Sie nie: „Ich werden Ihnen jetzt eine Geschichte erzählen." Erzählen Sie sie einfach. Leiten Sie sie nie mit dem Satz ein: „Das ist lustig" oder „Das ist köstlich". Lassen Sie andere darüber entscheiden. Ihre Aufgabe ist es, eine überzeugende Geschichte zu erzählen und Ihre Zuhörer dazu zu bringen, nachzudenken und positiv zu reagieren, indem Sie am Ende der Geschichte Ihren Standpunkt deutlich machen.

Zahlen und Fakten geraten in Vergessenheit. Geschichten werden weitererzählt.

– Jeffrey Gitomer

Was ist so witzig daran, professionell zu sein?

Es gibt ein altes Sprichwort, das besagt: „Wenn Sie sie zum Lachen bringen können, können Sie sie zum Kauf bewegen." Der Grund dafür, dass es so alt ist und schon so lange zitiert wird, ist, dass es wahr ist.

Humor und Lachen sind zwei Schlüsselzutaten für die Gewinnung anderer Menschen und die Herstellung einer Beziehung.

Die Herausforderung des Humors besteht darin, dass die Menschen nicht wissen, wie oder wann sie ihn anwenden sollen. Sie fürchten sich davor, ihn einzusetzen, weil sie glauben, Humor lasse sie unprofessionell erscheinen.

Lassen Sie mich diesen fehlgeleiteten Angstgedanken mit den folgenden 4,5 Gründen aus der Welt räumen, um Ihrer Präsentation und Ihrem Leben mehr Humor zu verleihen.

1. Humor ist die ultimative Grenze. Es ist leicht, sich über seine Zuhörer zu informieren. Es ist leicht, präsentieren zu lernen. Aber es ist schwer, die Kunst des Humors zu erlernen. Und es ist noch schwerer, den richtigen Zeitpunkt und die richtige Stelle für Humor in Ihrer Präsentation zu bestimmen. Humor erzeugt eine offene Atmosphäre. Und diese Atmosphäre wird Freundschaft, Respekt und Kompatibilität entstehen lassen.

Der Grund, warum ich Humor als ultimative Grenze bezeichne, ist, dass er das letzte Element darstellt, das Sie in Ihren Vortragsprozess einbauen müssen. Sie reichern Ihren Vortrag erst dann mit Humor an, wenn Sie Ihre Materie beherrschen.

2. Humor ist die höchste Form der sprachlichen Ausdrucksfähigkeit. Wenn Sie jemanden haben sagen hören: „Mann, der Typ ist witzig. Das liegt ihm einfach im Blut", dann ist es sehr wahrscheinlich, dass es sich um einen äußerst intelligenten Menschen handelt.

Wenn Sie eine Fremdsprache lernen, ist das Letzte, was Sie tun, den Humor in dieser Sprache zu lernen. Und das Schwerste ist, einen Witz in einer Fremdsprache zu machen. Humor ist die am schwersten zu beherrschende Nuance. Aber wenn Ihnen das gelingt, verfügen Sie über die Basis für eine solide, intellektuelle Beziehung und die Fähigkeit, andere zu begeistern.

3. Was ist so witzig daran, professionell zu sein? Wenn Ihr gesamter Vortrag professionell ist, dann werden Sie gegenüber einem anderen Referenten verlieren, der zu 50 Prozent professionell und zu 50 Prozent freundlich und witzig ist. Freundlich und witzig ist tausend Mal einnehmender und gewinnender als professionell.

Wenn Sie daran Zweifel haben, dann sehen Sie sich eine Late-Night-Talkshow an. Sind die Talkmaster professionell oder witzig? Wie viel verdienen sie? Wie viel verdienen Sie? Ich will damit nicht sagen, dass Sie Ihre Präsentation mit einem der Monologe von David Letterman vergleichen sollen, aber ich fordere Sie dazu heraus, zu vergleichen, wie Sie glauben, dass Sie Ihre Präsentation halten sollten, und demgegenüber die Art der Präsentation, die Ihre Zuhörer gerne hören würden.

Ich mische seit 30 Jahren Professionalität mit Witz. Das hat mir nicht nur tonnenweise Verkaufsabschlüsse eingebracht, sondern mir auch tonnenweise neue Freunde beschert. Dasselbe können Sie auch erreichen.

4. Der Unterschied zwischen einem Witz und einer Geschichte. Die meisten Menschen reduzieren sich selbst zu Witzeerzählern – oder sollte ich sagen, „Witze-Wiedererzählern" oder „Wiedererzählern schlechter Witze". Witze zu erzählen, ist gefährlich und aus drei Gründen üblicherweise nicht sehr witzig. Erstens gehen Witze meistens auf Kosten irgendeiner Person. Zweitens klingen Witze gekünstelt; oft wirken sie regelrecht erzwungen. Drittens (und das ist am schlimmsten) stehen Sie als kompletter Idiot da, wenn Ihre Zuhörer den Witz schon kennen, vor allem, wenn Sie als Einziger lachen.

Geschichten sind dagegen authentisch. Sie berichten über Erfahrung, sie können einen subtilen Humor enthalten und begeistern. Wenn Sie eine großartige Geschichte erzählen, bringt das die Zuhörer dazu, selber über eine Geschichte nachzudenken, mit der Sie sie begeistern können (das nennt man einen „Topper"). Wenn Sie jeden Zuhörer dazu bringen können, als Folge Ihrer Geschichte an seine eigene Geschichte zu denken, ist das ein beziehungsbildendes Element.

4,5. Lachen ist universell. Die Verwendung von Humor wird fast nirgendwo gelehrt. Der Grund dafür ist, dass die meisten Schulungen und Trainer nicht gerade witzig sind. Ich will damit nicht sagen, dass Sie nichts gelten, wenn Sie nicht witzig sind. Aber ich behaupte, dass ich mehr Verkaufsabschlüsse tätige als Sie, wenn Sie und ich in einer Verkaufssituation gegeneinander antreten und ich witzig bin und Sie ausschließlich professionell, oder ich witzig bin und Sie nicht. Wenn Sie sich selbst nicht für eine witzige Person halten, dann studieren Sie Humor oder lesen Sie darüber, wie Sie eine humorvollere Person werden.

Sie können darüber streiten, wie viel Humor Sie anwenden sollten; Sie können streiten, wann Humor am wirkungsvollsten eingesetzt werden kann, und Sie können sogar darüber streiten, welche Art Humor angewendet werden sollte. Aber Sie können nicht die Macht des Lachens als universelles und Menschen verbindendes Band bestreiten.

Der verstorbene Komiker George Burns sagte einmal: „Seit dem Tod des Vaudeville[1] haben neue Komiker keinen Platz zum Stinken." Was er damit sagen wollte, war, dass Sie es immer wieder versuchen und bereit sein müssen, Misserfolge einzustecken, wenn Sie ein herausragender Humorist sein wollen.

Nur weil Sie einige Male keine Lacherfolge erzielen, heißt das nicht, dass Sie gänzlich auf Humor verzichten sollten. Humor braucht Zeit, Humor erfordert Intelligenz, Humor verlangt nach Versuch und Irrtum, Humor braucht Übung, und Humor hilft Ihnen, Ihre Vorstellungen durchzusetzen.

„Beginnen Sie Ihre Präsentation immer mit einem Witz. Aber passen Sie auf, dass Sie niemanden vor den Kopf stoßen! Erwähnen Sie weder Religion, noch Politik, Rassen, Geld, Krankheit, Technologie, Männer, Frauen, Kinder, Pflanzen, Tiere, Lebensmittel ..."

---

[1] Ein Varieté-Genre, das von Anfang der 1880er bis Anfang der 1930er Jahre in den USA und Kanada sehr beliebt war. (A. d. Ü.)

Die Gabe,
überzeugend reden zu können

Verfügen Sie über die Gabe, überzeugend reden zu können?

Ich habe sie schon immer gehabt und dachte, ich wäre ziemlich gut darin, bis ich die Kunst des Verkaufens erlernte und das „kontrollierte Reden" entdeckte. Ich wurde noch besser, als ich meine überzeugende Eigenwerbung kreierte. Und ich beherrschte es, als ich begann, vor Publikum zu sprechen.

Roy Rogers (ein berühmter Cowboy aus den 1950er Jahren) hatte einen Kumpel mit dem Namen George „Gabby" Hayes. Als leibhaftige Verkörperung seines Spitznamens quasselte Gabby unentwegt. Niemand gab irgendetwas auf sein Gerede, weil er immer den Mund offen stehen hatte. Das war komisch, aber auch traurig. Und wenn er einmal etwas wirklich Wichtiges zu sagen hatte, musste er schreien oder sich mehrmals wiederholen, bevor irgendjemand ihm Gehör schenkte oder ihn ernst nahm.

Sie halten eine Präsentation? In Wahrheit versuchen Sie, Ihre Zuhörer zu überreden. Sie können es Präsentation nennen, aber das ist der schlechtestmögliche Name, weil es in Ihrem Kopf den falschen Denkprozess auslöst.

Sie präsentieren nicht,
Sie überreden.

Sie decken Bedürfnisse auf.
Sie versuchen, Wert zu bilden.

Sie versuchen, das Vertrauen Ihrer Zuhörer zu gewinnen, indem Sie sympathisch, glaubwürdig und Vertrauen erweckend auftreten.

Das klingt für mich nicht nach einer Präsentation. Das klingt vielmehr nach einer konzertierten Anstrengung, die unendlich viel Vorbereitung erfordert, kombiniert mit außergewöhnlich großen Präsentationsfähigkeiten.

Vor Kurzem habe ich ein Buch über das Halten von Präsentationen gelesen. Ich werde hier weder den Titel noch den Autor nennen. Es soll der Hinweis genügen, dass das Buch teuer und der Inhalt armselig war. Es behandelte den Präsentationsprozess aus der Perspektive des Autors – sicher nicht das, was in der realen Welt nötig ist.

Einige der in diesem Buch genannten Tipps lauteten: „Es ist gut, nervös zu sein", „versuchen Sie nicht, perfekt zu sein", „Sie sollten mit dem Thema vertraut sein" sowie „üben, üben, üben". *Was ist die Kernaussage?*

Solche Lektionen stehen in einem Buch – und sie sind dumm. Sie haben nichts mit einer erfolgreichen Präsentation, einer dynamischen Präsentation oder einer überzeugenden Präsentation zu tun.

Wenn Sie eine Präsentation halten wollen und nervös sind, ist das laut meinem Buch nicht okay. Sie müssen in die Präsentation gehen und vor Selbstvertrauen bersten. Der Grund, weshalb Menschen nervös sind, ist, dass sie unvorbereitet sind. Und unvorbereitet zu sein, ist der beste Weg, den ich kenne, um das Publikum zu verlieren.

Wenn ich eine Regel wie diese höre oder sehe: „Versuchen Sie nicht, perfekt zu sein", denke ich mir immer: *„Wo genau möchten Sie, dass ich es vermassele? Gleich zu Beginn? Oder lieber, wenn ich zum Kern des Themas komme?"*

Wenn Sie eine Präsentation halten wollen, ist die *Vertrautheit mit dem Thema* eine Grundvoraussetzung. Die Regel sollte lauten: „Informieren Sie sich über Ihr Publikum, oder Sie werden tausend Präsentationstode sterben."

Was Sie wissen müssen, ist, wie Ihre Zuhörer von Ihrer Präsentation profitieren können.

Wenn mir ein Experte sagt: „Üben, üben, üben", lautet meine erste Frage: „Was genau soll ich üben?"

Die Regel sollte lauten: „Entwickeln Sie Ihre Präsentationsfähigkeiten jeden Tag weiter, indem Sie Präsentationen halten und sie aufnehmen."

Sobald Sie sie aufgenommen haben, hören Sie sie sofort an.

Wenn Sie jemals eine gute Dosis Realität haben wollten, dann garantiere ich Ihnen, dass das Anhören Ihrer eigenen Präsentation die witzigste und erbärmlichste Angelegenheit ist, die Sie jemals gehört haben. Für die meisten Menschen ist das die bitterste Dosis Realität überhaupt.

Die Aufnahme Ihrer Präsentation ist eine ungeschminkte und exakte Wiedergabe dessen, was Sie gesagt haben, wie Sie es gesagt haben, wie wirkungsvoll Ihre Worte waren, wie vermittelbar Ihre Botschaft war, wie überzeugend und letztlich wie erfolgreich sie war.

Der durchschnittliche Mensch (natürlich nicht Sie) ist präsentationsschwach. Das liegt in erster Linie an einem Mangel an Studium, Vorbereitung und Aufnahme der eigenen Versuche.

Die Aufnahme Ihrer Präsentation wird jeden Mangel, jeden Fehler und jede Schwäche gnadenlos aufdecken. Sie wird Ihnen ein Zeugnis über Ihre Effektivität ausstellen.

ANMERKUNG: Ihre Präsentationsfähigkeiten sind ein großer Teil des Prozesses der Durchsetzung Ihrer Vorstellungen. Hier trifft Ihre persönliche Vorbereitung die Gelegenheit, vor jemanden hinzutreten, der „Ja" zu Ihnen sagen kann.

Würden Sie nicht denken, dass Präsentationsfähigkeiten eine der höchsten Prioritäten im Leben eines Menschen spielen, wo so viel auf dem Spiel steht?

Zum Glück für Sie denkt der durchschnittliche Mensch das keineswegs. Der durchschnittliche Mensch eilt gleich nach der Arbeit nach Hause und sucht nach der TV-Fernbedienung, anstatt nach neuen Fakten für die morgige Präsentation zu suchen. Er sucht nach einer Dose Bier, anstatt zu einem Treffen des Rhetorik-Clubs zu eilen.

Wenn Sie sich über 95 Prozent aller Menschen auf dem Markt erheben wollen, dann beginnen Sie, sich Präsentationsfähigkeiten anzueignen. Buchen Sie einige Reden bei Ihrem lokalen Rotary- oder Lions-Club. Versuchen Sie, bei Handelsmessen als Referent und nicht nur als Aussteller aufzutreten.

Und was immer Sie tun, nehmen Sie auf, was auch immer Sie sagen.

Die Aufnahme ist der *beste* und *einzige* Weg, um Ihr gegenwärtiges Kompetenzlevel zu bestimmen und einen Plan zur Verbesserung Ihrer Fähigkeiten aufzustellen.

UND HIER DER BESTE TEIL: Wenn Sie ein Zeugnis wollen, müssen Sie nur nachzählen, wie oft es Ihnen gelingt, Ihre Vorstellungen durchzusetzen. Mit zunehmenden Präsentationsfähigkeiten wird die Zahl Ihrer Erfolge proportional ansteigen. Vielleicht sogar überproportional.

Wäre das nicht ein schönes Geschenk?

Kostenloser GIT✗Bit: ... Wollen Sie mehr Tipps über Präsentationsfähigkeiten? Ich habe noch ein paar. Rufen Sie die Website www.gitomer.com auf, registrieren Sie sich als Nutzer, wenn Sie die Site das erste Mal besuchen, und geben Sie PRESENT in die GitBit-Box ein.

ELEMENT 6

ÜBERREDUNGS-KUNST

„Ich muss heute eine Präsentation halten, und ich bin nervös."

„Nein, das stimmt nicht. Sie müssen heute eine SHOW aufführen, und Sie sind nervös, weil Sie nicht vorbereitet sind."

Ein mitreißender Vortrag

Seit 15 Jahren halte ich ungefähr 120 Vorträge pro Jahr. Das macht insgesamt rund 1.800 Vorträge.

Hier die 8,5 Elemente, die ich für eine „Standing Ovations" provozierende und Zustimmung auslösende erstklassige Präsentation als unverzichtbar identifiziert habe.

1. INFORMIEREN SIE IHR PUBLIKUM. Das beinhaltet, dass Sie Ihren Zuhörern „neue" Informationen bieten müssen. Informationen, die ein Zuhörer nutzen kann, um mehr zu produzieren oder höhere Gewinne zu erzielen. Aber auch Informationen, die keinen kommerziellen Inhalt haben, der sich dabei jedoch nicht zum Selbstzweck erhebt, sondern der etwas über Ihre Kompetenz auf Ihrem Geschäftsgebiet aussagt.

2. UNTERHALTEN SIE IHR PUBLIKUM. Sie haben die Verantwortung, zu informieren *und* zu unterhalten. Niemand will eine langweilige Rede hören. Das Geheimnis der Unterhaltung der Zuhörer liegt darin, *sie zum Lachen zu bringen.*

3. BRINGEN SIE ES ZUM LACHEN, UND ES WRD IHNEN ZUHÖREN. Sind Sie jemals in einem Comedy-Club gewesen? Der Komiker erzählt einen Witz, und Sie lachen, bis Ihnen Ihr Drink aus der Nase schießt. Dann setzt der Komiker wieder zum Sprechen an, und Sie unterdrücken Ihr Lachen, bis Ihnen die Brust schmerzt, nur um seinen nächsten Witz nicht zu verpassen. Am Ende eines Lachanfalls ist die Bereitschaft zum Zuhören am höchsten.

4. ES MUSS MINDESTENS EIN „AHA!" GEBEN. Etwas in Ihrem Vortrag, das die Zuhörer neue und wichtige Information heraushören lässt, die sie zum ersten Mal vernehmen. Sie müssen Ihren Worten, Gedanken und Ideen lauschen und „AHA!" sagen oder denken.

5. GEBEN SIE IHREN ZUHÖRERN HOFFNUNG. Jeder möchte ein besseres Leben, eine bessere Arbeitsstelle, mehr Geld und die HOFFNUNG, dass sich die eigenen Wünsche realisieren lassen. Das Schlüsselwort hier ist *Ansporn*.

6. ENTLOCKEN SIE IHREN ZUHÖRERN GEFÜHLE, INDEM SIE IHRE EGENEN GEFÜHLE MITTEILEN. Ihre Botschaft muss unwiderstehlich sein, egal wie kurz oder lang sie ist. Ihr Glaube an Ihre eigenen Worte muss für alle offensichtlich sein.

7. ÜBERMITTELN SIE IHREN ZUHÖRERN BOTSCHAFTEN UND IDEEN. Die Menschen müssen denken: „Ich hab's verstanden. Ich kann das. Ich bin bereit, es auszuprobieren." An diesem Punkt ist Ihre Botschaft zu ihrem Empfänger durchgedrungen.

8. MOTIVIEREN SIE IHRE ZUHÖRER NICHT; INSPIRIEREN SIE SIE. Motivation hält einen Augenblick an; Inspiration hält Jahre.

8,5. BEHERRSCHEN SIE IHREN VORTRAG AUS DEM EFFEFF. Beherrschen Sie ihn im Schlaf, und alle Nervosität wird im Nu verflogen sein. Wenn Sie Ihren Vortrag verinnerlicht haben, dann müssen Sie sich nicht darauf konzentrieren, sondern können mit Ihrem Publikum „anwesend" sein.

Wenn Sie einen großartigen Vortrag halten, werden die Menschen Ihnen danken, dementsprechend handeln, anderen darüber berichten und sich noch Jahre später daran erinnern.

Es ist mehr als eine Präsentation – es ist eine Show!

Denken Sie an das letzte Mal, als Sie in einem Konzert, im Theater oder bei einer Art Performance waren. Sie saßen wie angeklebt auf Ihrem Stuhl, lehnten sich vor und waren völlig von dem Schauspiel eingenommen, weil es eine *Aufführung* war und keine Präsentation.

Denken Sie über Ihre Präsentation nach. Führen Sie sie auf, oder präsentieren Sie sie nur? Darstellerisch begabte Menschen legen ihr Herz, ihre Energie und ihre Fähigkeiten und Leidenschaften in ihre Aufführung. Sie sind bestrebt, ihre Kunst zu beherrschen. Und sie suchen immer nach Wegen, sich zu verbessern.

Einige Aufführungen sind so gut und so bezwingend, dass Sie sich für immer an sie erinnern und davon sprechen werden.

Ich fordere Sie dazu heraus, wie ich jeden Menschen, dem ich begegne, dazu herausfordere, Ihr Herzblut in Ihre Präsentation zu stecken und daraus eine echte Show zu machen.

Wie bei allen Überzeugungsvorhaben gibt es auch hier ein Geheimnis, das Ihnen auf die Stufe verhelfen wird, die Sie anstreben – die nächsthöhere Ebene der Exzellenz. Das Geheimnis lautet: *Üben mit Leidenschaft*.

Das ist allerdings nicht einfach. Wenn Sie nicht lieben, was Sie tun, dann wird die Übung nur eine lästige Pflicht sein. Wenn Sie es lieben, ist das Üben nicht einfach nur ein Spaß, sondern etwas, auf das Sie sich wirklich freuen.

Wie Sie die beste ~~Präsentation~~ *Show* der Welt aufführen

Ein altes Sprichwort lautet: „Nicht der Inhalt, sondern der Ton macht die Musik." Falsch. Beides zählt. Um eine großartige Präsentation in eine Show zu verwandeln, müssen das, was Sie sagen, und die Art, wie Sie es sagen, zu einer Einheit verschmelzen – oder Ihre Zuhörer werden sich von Ihnen abwenden.

Ich werde mich darauf konzentrieren, wie Sie vortragen (und auf sich aufmerksam machen). Wenn Sie die inhaltlich beste Präsentation der Welt ohne Enthusiasmus, Aufrichtigkeit oder Überzeugung herunterleiern, haben Sie verloren.

Zu Beginn einer Aufführung gibt es vier Elemente, die bestimmen, ob Sie bekommen, was Sie erreichen wollen.

1. Beziehung. Versetzen Sie sich in die Lage der Zuhörer. Können sie einen Bezug zu Ihnen herstellen?

2. Bedürfnis. Bestimmen Sie die Faktoren, die Ihre Zuhörer als entscheidend für ihre Motivation ansehen, Ihnen zuzuhören, um dementsprechend zu handeln. Erfüllen Ihre Worte die Bedürfnisse Ihrer Zuhörer?

3. Bedeutung. Die Vermittelbarkeit und Dringlichkeit Ihrer Botschaft. Sind Ihre Zuhörer bereit, sie auszutesten?

4. Selbstvertrauen. Ihre Fähigkeit, für Wohlbefinden zu sorgen und Ihren Zuhörern zu versichern, dass ein begrenztes Risiko und ein maximaler Nutzen damit verbunden sind, dass sie sich Ihrer Sichtweise anschließen. Können Sie einen Bezug zu Ihrer Botschaft herstellen?

Zwar lassen sich all diese Informationen durch das Stellen der richtigen Fragen gewinnen, dennoch liegt der Unterschied zwischen guten und herausragenden Akteuren in der Art und Weise, wie sie jeweils ihre Botschaft präsentieren (übermitteln).

Viel wurde über Überredungstechniken geschrieben, aber es wurde bisher nicht sehr viel über darstellerische Fähigkeiten – auch als fundamentale Kommunikationskompetenzen bekannt – in Kombination mit der Fähigkeit, vor einem großen Publikum zu sprechen, gesagt oder geschrieben. In Kombination vereinigen sich beide Fähigkeiten zu echter Überredungskunst.

Ihre Vortragsfähigkeiten müssen Sie während der gesamten Show aktivieren, aber gerade zu Beginn des Vortrags sind sie entscheidend, da sie die Erwartungen der Zuhörer an Ihren dann folgenden Vortrag bestimmen.

Ich habe Ihnen hier eine Liste an unerlässlichen Fähigkeiten und Definitionen zur Umsetzung zusammengestellt.

Nachfolgend die strategischen Aspekte der Art und Weise, wie Sie Ihre Botschaft übermitteln:

- **Sprechen Sie deutlich.** Das klingt einfach, aber wenn das Publikum Sie nicht versteht (weil Sie einen Akzent haben, Dialekt sprechen, zu schnell reden, ständig herumlaufen), dann erreicht Ihre Kommunikation den Empfänger nicht, und Sie werden nicht erreichen, was Sie wollen.
- **Beugen Sie sich vor.** Beugen Sie sich in Richtung Ihrer Zuhörer und geben Sie ihnen damit das Gefühl von Bedeutung und Dringlichkeit.
- **Halten Sie Ihre Hände ruhig.** Wenn Sie mit Ihren Fingerknochen knacken, mit den Händen in den Taschen an etwas herumklimpern oder andere nervöse Ange-

wohnheiten haben, dann lenken Sie Ihre Zuhörer vom Wesentlichen ab.

- **Hantieren Sie nicht mit Ihren Unterlagen herum.** Das vermittelt den Eindruck, Sie seien nicht vorbereitet. Außerdem irritiert es Ihre Zuhörer und macht sie ungeduldig. Und dann verlieren sie das Vertrauen in Sie.
- **Keine „Ähs" und „Ems."** Derartige Fülllaute, geräuschvolle Pausen und Wortwiederholungen sind äußerst irritierend. Sie führen dazu, dass Ihre Zuhörer sich auf Ihre Schwächen konzentrieren, anstatt auf die Botschaft. Das beste Heilmittel dafür ist ständiges Üben.
- **Seien Sie animiert.** Sprechen Sie mit weit geöffneten Augen, so als sei Ihnen soeben die fantastischste Sache der Welt widerfahren.
- **Verwenden Sie viele Gesten.** Keine wilden Wedelbewegungen, sondern pointierte, überzeugende Gesten.
- **Verwenden Sie ein breites Spektrum an Intonationsvarianten.** Wechseln Sie zwischen lauter und leiser Stimme – kein Gesang, aber ein melodiöser Sprachfluss. Wechseln Sie zwischen einer hohen und tiefen Stimmlage. Betonen Sie die entscheidenden Worte. Zwingen Sie Ihre Zuhörer zuzuhören. Drücken Sie sich mit Stil aus.
- **Flüstern Sie wichtige Dinge wie ein Geheimnis.** Bringen Sie Ihre Zuhörer dazu, sich in Ihre Worte hineinzulehnen. Geben Sie Ihnen das Gefühl, etwas Besonderes zu sein, weil sie Ihre Botschaft empfangen dürfen.
- **Führen Sie Ihren Vortrag im Stehen auf.** Das verleiht Ihren Gesten und Ihrer Story eine größere Wirkung.
- **Stehen (Sitzen) Sie aufrecht.** Die Körperhaltung bestimmt die Richtung Ihrer Worte. Wenn Sie die Schul-

tern hängen lassen, fallen Ihre Worte auf den Fußboden, anstatt sich den Weg zum Publikum zu bahnen.

- **Blicken Sie Ihren Zuhörern in die Augen.** Ihr Augenkontakt ist für Ihre Zuhörer ein eindeutiges Zeichen Ihrer Glaubwürdigkeit. Halten Sie immer direkten Augenkontakt. Der gerade Blick in die Augen Ihrer Zuhörer ist ein vertrauensbildendes Element.
- **Gehen Sie Risiken bei Ihrer Show ein.** Agieren Sie nicht verzagt. Sagen Sie neue Dinge. Erfinden Sie spontan neue Aufführungsmethoden. Mag sein, dass Sie sich dabei ein wenig unbehaglich fühlen. Na und? Daran wachsen Sie.
- **Bewegen Sie sich immer innerhalb des Radius der Publikumspersönlichkeit.** Wenn Ihre Zuhörer steif und konservativ sind, dann treiben Sie es nicht zu wild.
- **Tragen Sie Ihre Worte mit Überzeugung vor.** Ihr Glaube an Sie selbst macht einen großen Teil der Durchsetzung Ihrer Vorstellungen aus.
- **Wählen Sie die richtigen Worte.** Klingen Sie intelligent. Sie müssen dafür nicht Shakespeare zitieren, aber Sie müssen Worte schmieden können. Verwenden Sie die aktuellen Schlagworte der Branche. Erweitern Sie Ihr Vokabular jede Woche um neue Ausdrücke.
- **Betonen Sie wichtige Worte.** Wenn Sie zu einem kritischen Wort oder einem entscheidenden Satz kommen, betonen Sie ihn und machen Sie eine kurze Pause, damit sich das Gesagte setzen kann.
- **Setzen Sie Ihren gesamten Körper ein.** Gestikulieren Sie mit Armen und Händen. Stehen Sie auf und durchschreiten Sie den Raum. Verlagern Sie Ihr Gewicht, um einen bestimmten Punkt zu betonen.
- **Nicken Sie bekräftigend.** Dieses subtile Element der Körpersprache gehört zu den wirkungsvollsten der

Körpersprachetechnik. Es versetzt die Adressaten in eine zustimmende Haltung.
- **Lächeln Sie.** Das ist keine Gehirnchirurgie, sondern Sie helfen damit anderen. Und es macht Spaß. Ihr lächelnder Gesichtsausdruck gibt dem Empfänger ein gutes Gefühl.
- **Entspannen Sie sich.** Eine große Anspannung überträgt sich auf das Publikum. Wie schon erwähnt, ist der Hauptgrund für Nervosität mangelnde Vorbereitung (oder Geldnot). Beruhigen Sie sich. Lassen Sie sich niemals anmerken, dass Sie schwitzen (oder das Gefühl haben, Sie würden schwitzen).

Seien Sie darauf vorbereitet, bei Ihren Bemühungen um mehr Eloquenz mehrere Aufführungen zu vermasseln.

Betrachten Sie die Versuche als Reise und nicht als Vorträge, und erkennen Sie, dass es Zeit braucht, bis sich ihre Show von akzeptabel zu gut, von gut zu herausragend bis zu absoluter Spitze wandelt.

Da kommen Sie aber nicht hin, so lange Sie nicht beginnen.

Sie sind das Vehikel.
Sie sind der Überbringer der Botschaft.

Ich biete Ihnen den Treibstoff und die Botschaft.
Der Rest liegt bei Ihnen.

Fertigkeit oder lebenswichtige Notwendigkeit?

„Geschäftsinhaber, hochrangige Führungskräfte, Manager und Verkäufer erkennen nicht, wie sehr ihr Erfolg von ihrer verbalen Ausdrucksfähigkeit abhängt. Schlechte verbale Ausdrucksfähigkeiten können die Glaubwürdigkeit zerstören", sagt Ty Boyd, Gründer des Rhetorikinstituts *Excellence in Speaking Institute* (Charlotte, North Carolina, USA).

„Die meisten Menschen erkennen nicht, wie unterentwickelt ihre Präsentationsfähigkeiten tatsächlich sind – und wie leicht es ist, das zu ändern, wenn sie sich nur auf sich selber und ihre Botschaft konzentrieren."

Sehr guter Rat von einem großen Meister.

Wie viele von Ihnen werden diese Herausforderung annehmen und daran arbeiten, Ihre Fähigkeiten zu verbessern? Brauchen Sie einen Rippenstoß? Die besten Methoden, um Ihnen Feuer unter dem Hintern zu machen, ohne als Brandstifter dazustehen, sind nachfolgend aufgeführt.

Hier die 9,5 Erfolgstaktiken, mit denen Sie sich bereit machen, ein herausragender Referent zu werden und erreichen, was Sie wollen.

1. Legen Sie sich einen festen Händedruck zu. Drücken Sie die Hand der anderen Person so fest, dass es ihr auffällt. Ein fester Händedruck verleiht Ihnen vom ersten Moment des Kontakts an eine Aura von Selbstvertrauen.

2. Bestimmen Sie die Atmosphäre. Als herausragender Kommunikator ist es Ihre Verantwortung, eine Atmosphäre zu erzeugen, in der Informationen natürlich und reibungslos fließen können.

3. Regulieren Sie das Tempo Ihres Vortrags. Entwickeln Sie ein Gefühl für Zeit und die richtige Zeitplanung. Stimmen Sie Ihre Zeitplanung auf die Bedürfnisse und Wünsche Ihres Publikums ab. Einer der größten Fehler, die Menschen machen, ist, dass sie zu schnell vorangehen oder zu schnell sprechen. Auch wenn Sie Ihren Vortrag zum tausendsten Mal halten, Ihre Zuhörer hören ihn zum ersten Mal.

4. Organisieren Sie einen Beobachter zu Ihrer Bewertung. Bitten Sie einen Kollegen oder Ihren Vorgesetzten, Sie einmal pro Woche zu begleiten und Ihnen zuzuhören. Erstellen Sie ein Bewertungsformular (siehe Seiten 54 und 55), und lassen Sie es Ihren Beobachter gleich nach Ihrer Aufführung ausfüllen. Sprechen Sie über Verbesserungsmöglichkeiten. Schreiben Sie Ihre Stärken und Schwächen auf.

5. Nehmen Sie Ihre Telefongespräche auf. Verwenden Sie sie als Messinstrument für Ihre Fähigkeit, eine klare und selbstsichere Botschaft zu vermitteln. Hören Sie sich die Aufnahme an, wenn Sie sich trauen. Wenn Sie Ihre eigene Stimme nicht ertragen, verändern Sie Ihre Stimmlage.

6. Lesen Sie laut ein Kapitel aus irgendeinem meiner Bücher und nehmen Sie das auf CD auf. Spielen Sie die CD in Ihrem Auto ab. Sie werden dabei etwas über die Kunst des Verkaufens *und* Ihre Präsentationsfähigkeiten lernen. Wären Sie so beeindruckt, dass Sie sich zuhören würden? Falls nicht, nehmen Sie dasselbe nochmals auf, und sprechen Sie dabei mit Stil und Gefühl.

7. Nehmen Sie die ersten fünf Minuten Ihrer Präsentation auf Video auf. Laden Sie einen Freund oder Kollegen dazu ein, sich die Aufnahme gemeinsam anzusehen. Bewerten Sie dabei Ihre eigene Leistung. Sorgen Sie dafür, dass Sie eine Brechtüte (oder auch zwei) aus dem Flugzeug zur Hand haben, denn wenn Sie

sich selber sehen, wird Ihnen schlecht werden – oder Sie werden einfach leugnen, dass Sie das sind. Wiederholen Sie das Ganze einmal pro Woche über zwei Monate.

8. Machen Sie sich einmal pro Woche zu Ihrem eigenen Videokritiker. Sehen Sie sich die Aufnahme zu Hause an. Arbeiten Sie an der Eliminierung der schlimmsten Angewohnheiten und gleichzeitig an der weiteren Verbesserung Ihrer zwei größten Stärken.

9. Seien Sie vorbereitet. Beherrschen Sie Ihre Botschaft im Schlaf. Ihre Persönlichkeit wird brillieren, wenn Sie an Ihre eigenen Worte glauben. Mit Authentizität gewinnen Sie das Vertrauen Ihrer Zuhörer.

9.5 SEIEN SIE SIE SELBST: Schauspielern Sie nicht. Ihre Persönlichkeit wird strahlen, wenn Sie selbst daran glauben, was Sie sagen. Wenn Sie authentisch sind, gewinnen Sie das Vertrauen Ihrer Zuhörer.

„Sie selbst sein heißt, bereit zu sein, alles um Ihrer Überzeugung und Ideale willen zu verlieren."

Präsentationselemente, die Ihre Rede in eine Show verwandeln – wenn Sie sie beherrschen

INTONATIONSVARIANTEN. Der Ton Ihres Vortrags erzeugt den Wunsch, Ihnen zuzuhören – oder auch nicht. Wenn Sie Ihre Worte mit Leben füllen, gleicht das beinahe einer Interpretation einer Melodie aus unterschiedlichen Stimmlagen. Auf diese Weise können Sie schreien, flüstern und die besonders wichtigen Worte betonen und dabei stets eine klare, vollständige Botschaft vermitteln. Mein Geschichtslehrer war vielleicht brillant, aber wenn er monoton vor sich hin leierte, hörte ihm niemand zu. Ich jedenfalls nicht.

GESTEN. Je ausdrucksvoller, desto besser. Setzen Sie Ihre Arme und nicht nur Ihre Hände ein. Und üben Sie Ihre Gestik, indem Sie sie bei jeder Gelegenheit auf Video aufnehmen. Und achten Sie bei jeder Betrachtung der Aufnahmen darauf, ob Ihre Gesten natürlich oder gekünstelt wirken. Lassen Sie Ihre Arme im Einklang mit Ihren Worten fließen, und lassen Sie Ihre Hände diesen Fluss begleiten. Ich persönlich denke nicht über meine Gesten nach, sondern lasse sie einfach natürlich geschehen. Und ich glaube, dass sie authentischer und ehrlicher wirken, wenn sie einfach fließen. Gesten unterstreichen Worte und laden zur Interaktion ein. Gesten machen Ihren Vortrag und Ihre Worte lebendig.

KÖRPERSPRACHE. Beugen Sie sich vor. Mein Stil wurde oft als „springt ins Gesicht" beschrieben. Mir gefällt diese Beschreibung, weil sie bedeutet, dass ich einen direkten Kontakt zu meinen Zuhörern hergestellt habe. Und es bedeutet, dass man mir höchstwahrscheinlich zuhören und mich verstehen wird. Einige Menschen mögen das als ungehobelt bezeichnen, aber

ich gestalte meine Show immer als Kombination aus Worten und Körpersprache.

Meine Worte sind kühn, und meine Körpersprache ist auf meine Worte abgestimmt. Ihre Körpersprache drückt Ihr Selbstvertrauen und Ihren Glauben an sich selbst aus.

AUGENKONTAKT. Sie können nicht das Publikum ansehen, Sie müssen eine Person ansehen. Nicht dieselbe Person während des gesamten Vortrags. Vielmehr müssen Sie zu jeder Person, die Sie nacheinander anblicken, Augenkontakt herstellen. Wenn Sie Körpersprache mit Augenkontakt verbinden, erhalten Sie die wahre Bedeutung der Wendung „springt ins Gesicht". Sie beugen sich vor und blicken jemandem direkt in die Augen. Das erzeugt nicht nur eine unwiderstehliche Botschaft, sondern zeigt auch, dass Sie an das glauben, was Sie sagen und das Selbstvertrauen besitzen, jemanden direkt anzusehen. Augenkontakt löst bei Ihrem Publikum ein wohlwollenderes Gefühl Ihnen gegenüber aus – selbst wenn Ihr Publikum nur aus einem einzigen Zuhörer besteht. Augenkontakt suggeriert außerdem Vertrauen. Sie haben sicher schon den Ausdruck gehört: „Er konnte mir nicht in die Augen sehen." Wenn Sie nach einem Weg suchen, um aus Ihrer Präsentation eine echte Show zu machen, dann bemühen Sie sich um Augenkontakt.

KLARE WORTE. Als jemand, der in Philadelphia aufgewachsen ist, hatte ich den typischen „Philly-Akzent". Ich sagte: „Wanna" statt „Want to" und „Gonna" statt „Going to". Erschwerend kam hinzu, dass die eine Hälfte meiner Familie aus Philadelphia stammte und die andere aus Brooklyn. In der Mitte stand meine Mutter als Hüterin der guten Sprache und korrigierte mich auf Schritt und Tritt. Eines der größten Komplimente machen mir Menschen, die mir sagen: „Sie haben überhaupt keinen Akzent." Dann lächle ich und danke im Geiste meiner Mutter. Die Klarheit Ihrer Worte bestimmt deren Wirkung und Vermittelbarkeit. Wenn Sie jemals bei einer Broadway-Show in der ersten Reihe saßen, haben Sie gesehen, wie die Akteure beim Singen und Sprechen spucken und sprühen. Das ist Klarheit – im *Aufführungs*format.

Ich will damit natürlich nicht sagen, dass Sie die Leute anspucken sollen, wenn Sie mit ihnen reden. Ich will damit sagen: „Achten Sie auf Ihre Aussprache." (Besonders, wenn Sie einen Akzent haben oder zur Verwendung von spezifischen Redewendungen neigen, mit denen Sie aufgewachsen sind.)

SEELE. Für die Seele gibt es 500 Definitionen. Aus der Perspektive der Durchsetzung Ihrer Vorstellung definiere ich sie als *Ihre Fähigkeit, geschmeidig und mit sich selbst im Einklang zu sein*. Das ist die Art und Weise, wie Sie Ihre Worten mit Gesten verbinden – Ihr interner Showmaster. Damit ist Ihre angenehme und akzeptable Weise, Ihre Show aufzuführen, gemeint. Auch wenn ich daran glaube, dass jeder Mensch inhärente Eigenschaften besitzt, bin ich dennoch davon überzeugt, dass jeder lernen kann, seine Seele auszudrücken. Es ist leichter, eine Seele zu entwickeln und sie zu zeigen, wenn man eine tiefe Liebe zu dem empfindet, was man tut. Liebe und Leidenschaft führen zu Seele. Und Seele wird aus Ihrer Präsentation eine Aufführung machen.

„Ich schwebte in einem Tunnel auf ein sehr helles Licht zu, und dann sprach eine Stimme zu mir und sagte, ich müsse aufwachen und der Präsentation bis zum Ende zuhören."

Karaoke und wie man Standing Ovations erhält

Die Menschen fragen mich immer, wo ich meine schauspielerischen Fähigkeiten erworben habe. Ich habe in Karaoke-Bars gelernt, meine Gesangsauftritte zu verbessern, und zwar ohne Alkohol.

Oh, natürlich hatte ich bereits eine Menge Vorträge gehalten, bevor ich mit Karaoke begann, aber ich verstand nie wirklich, was ich tat, bis ich anfing, in Bars zu singen.

> Wenn Sie in einer Karaoke-Bar singen,
> kennen Sie das Lied und
> den Liedtext bereits.
> Außerdem läuft der Text genau vor
> Ihrer Nase über den Bildschirm.
> Selbst wenn Sie keine einzige Note singen können,
> stehen die Worte da als Orientierung beziehungsweise als Hilfestellung.
> Man kann eigentlich nichts falsch machen –
> es sei denn, Sie können nicht lesen.

HIER IST DAS GEHEIMNIS: Wenn Sie das Lied kennen und der Text vor Ihnen über den Bildschirm läuft, können Sie sich auf Ihre Show konzentrieren – auf Ihre Gesten, Ihre Körperbewegungen, Ihren Augenkontakt, selbst darauf, wie Sie das Mikrofon halten. Und Sie schmettern einfach los, weil Sie in einer Bar sind und sich amüsieren. Sie verlieren einfach die Hemmungen.

Von 1989 bis 1993 sang ich zwei- bis dreimal pro Woche in verschiedenen Bars in Charlotte. Nie habe ich ein Bier bestellt. Dabei hatte ich immer meinen Laptop dabei. Ich ging einfach auf die Bühne und sang, und dazwischen schrieb ich auf meinem Laptop.

Eines Abends sang ein junger Mann, der eine großartige Stimme hatte, aber keinerlei Showfähigkeiten. Nachdem er fertig war, winkte ich ihn zu mir herüber und frage ihn, ob es ihm gefallen würde, beim nächsten Mal Standing Ovations zu erhalten. Er sagte: „Ja."

Darauf hin sagte ich: *„Halte dich an diese vier Dinge:"*

1. **Nimm das (schnurlose) Mikrofon mit, begib dich ins Publikum und trag dein Lied dort vor, statt auf der Bühne.** Mische dich unter die Leute.
2. **Schaue nicht auf den Text auf dem Bildschirm, sieh die Leute an.** Du kennst den Text. Richte dich mit deinem Lied an die Menschen, nicht an den Bildschirm.
3. **Lege Leidenschaft in deinen Gesang.** Setze deine Arme und deinen Körper beim Singen ein.
4. **Finde einen großen Abschluss. Halte die letzte Note.** Lege deine Seele in das Lied.

Am Ende des folgenden Liedvortrags dieses Jungen schrien die Leute vor Begeisterung. Sie standen auf und schrien. Und das Leben des Sängers hatte sich für immer verändert.

Ich erkannte, dass Karaoke mehr war, als ein Lied zu singen. Ich wusste, dass ich einen Kurs mit dem Thema „Verwandlung von Präsentationsfähigkeiten in Showfähigkeiten mittels Karaoke" konzipieren konnte, wenn ich weiterhin Notizen machen würde, während die Menschen sangen.

Und hier die Dinge, die ich in den folgenden zwei Jahren entdeckte:

Die Realitäten ...

- Singen versetzt Sie in eine positive, entspannte Stimmung.
- Weil Sie den Text kennen (und ablesen können), können Sie sich auf die Show konzentrieren.
- Zu oft konzentrieren sich die Menschen darauf, was sie sagen wollen, und vergessen zu kommunizieren. Singen verbessert die Effektivität der Kommunikation.
- Schnelle und langsame Lieder haben unterschiedliche Dynamiken. Rock- und Countrymusik haben unterschiedliche Dynamiken. Wenn Sie ein schlechter Sänger sind, singen Sie keine langsamen Lieder.
- Das Publikum möchte unterhalten werden. Und es ist empfänglich, selbst wenn Sie nicht singen können. Manchmal bekommen die schlechtesten Sänger den größten Applaus.
- Das Publikum kennt das Lied, das Sie vortragen. Es singt mit. Es teilt Ihren Spaß.
- Beim Präsentieren und Aufführen gibt es einen großen Unterschied zwischen gut und dynamisch. Beim Singen wird das sofort deutlich.

Das Konzept ...

- Ich könnte das Singen als Metapher (Transfermedium) für Unterricht in richtigem Sprechen verwenden. Jemandem beizubringen, was Vortragsdynamik ist, ist ein Kinderspiel, wenn man die Parallele zu einem Liedvortrag zieht. Und das ist eine Show.

Die Chancen ...

- Sie werden zum Wortkünstler.
- Sie erkennen, dass Sie ein Darsteller sind und kein Redner.
- Sie werden herausgefordert, sich gegenüber dem Publikum zu behaupten.
- Sie werden herausgefordert, Augenkontakt mit Ihren Zuhörern zu suchen.
- Singen – nicht Sprechen – akzentuiert die Show.
- Sie kennen bereits den Text. Sie werden sich in 50 Jahren noch daran erinnern. Und nun füllen Sie ihn mit Leben.
- Wie groß ist Ihre Bereitschaft, es zu *versuchen*?
- Bringen Sie Ihre Zuhörer zum Tanzen? (Bei schnellen Liedern ist das leicht; schwieriger ist es bei langsamen Liedern.)
- Bringen Sie Ihre Zuhörer zum Mitklatschen (zur aktiven Teilnahme)?

Wenn Sie ein schnurloses Mikrofon haben, können Sie hinter dem kleinen Karaokebildschirm (auf der Bühne) hervortreten, und das gibt Ihnen die Chance, mit Ihrem Publikum in Kontakt zu treten.

Die Vorteile des Singens gegenüber dem Sprechen ...

- Sie müssen sich anstrengen und Ihre Komfortzone verlassen.
- Sie haben Rückendeckung (Musik). Sie klingen großartig, auch wenn Sie nicht singen können.
- Das Singen erlaubt Ihnen, sich eine Person herauszusuchen und anzusingen (verleiht dem Vortrag eine persönliche Dynamik). Wenn Sie Ihr Lied an eine Gruppe richten, schenkt Ihnen diese vielleicht keine Aufmerksamkeit. Wenn Sie sich mit dem Lied an eine Person wenden, passt das gesamte Publikum auf und nimmt diese Übertragung wahr.
- Die Musik gibt Ihnen die Tonart und die Stimmlage vor und bringt Sie dazu, sich auf Ihre verbale (vokale) Stimmlage zu konzentrieren.
- Sie gibt das Tempo und Ihr Gesangstempo vor und unterstützt sie dabei, es beizubehalten.
- Ihr Rhythmus sorgt dafür, dass sich Ihre Gesten an Ihre Worte anpassen.
- Ihre Gesten werden ausdrucksvoller und aktiver – sie sind nicht eckig und ruckartig, sie fließen. Wenn Sie das beim Singen tun, warum nicht auch beim Sprechen?
- Sie werden locker.
- Sie bringen Ihren ganzen Körper in die Botschaft ein.
- Das Singen verleiht Ihrer (verbalen-vokalen) Botschaft eine Melodie.
- Es veranlasst Sie dazu, Ihre Stimme bis an die Grenzen ihrer Kapazität einzusetzen und die gesamte Bandbreite Ihrer stimmlichen Variationsmöglichkeiten auszuschöpfen.
- Sie sehen den Text vor sich (vertrauensbildendes Element).

- Sie sind mit dem Text vertraut und erinnern sich an ihn.
- Es zeigt Ihnen den Wert eines Trainings zur Herstellung eines wirkungsvollen beidseitigen Augenkontakts (Publikum versus Sänger).
- Es bedeutet Unterstützung, Harmonie und Rückversicherung gleichzeitig.

Es geht nur um Sie ...

- Sie bieten eine neue Art der Aufführung.
- Sie sind ein Star.
- Sie sind im Show-(Angeber-)Business, das Ihren ganzen Einsatz fordert.
- Es spielt keine Rolle, ob Sie singen können.
- Ihr Coach ist immer da.
- Sie erkennen augenblicklich Ihre Fehler.
- Sie spüren, wie Sie besser werden.
- Es macht Spaß.
- Es macht Spaß, zu üben.
- Je mehr Spaß Sie haben, desto besser werden Sie.
- Sie befinden sich im Einklang mit Ihrem Lied, Ihrem Rhythmus, Ihrer Botschaft, Ihrem Publikum und sich selbst.

Übertragen Sie die Macht Ihres Verständnisses und die Macht der Involvierung auf Ihre Zuhörer ...

- Die Botschaft ist melodisch, nicht verbal.
- Musik versetzt das Publikum in Hochstimmung.
- Das Lied hat eine Botschaft – oft kann man sich mit dem Text identifizieren.

- **Das Publikum kann sich mit Ihrer Botschaft identifizieren (möglicherweise löst sie Erinnerungen aus).**
- **Wenn das Publikum Ihr Lied mag, mag es Sie (und umgekehrt).**
- **Wenn Sie dem Publikum vorgestellt werden, bestimmt der Moderator die Erwartungen. Wenn die Musik die Einleitung zu Ihrem Vortrag bildet, bestimmt die Musik die Erwartungen.**

Wollen Sie eindrucksvolle Vortragsfähigkeiten besitzen?

Das Singen wird entscheiden, ob es *sein* oder *nicht sein* soll.

Filmen Sie sich.
Anders geht es nicht

1993 hielt ich eine Rede vor den Ausstellern einer Handelsmesse – eine dreistündige Präsentation darüber, wie man Kontakte knüpft und mehr Verkäufe generiert. Da ich zuvor schon Hunderte von Verkaufsmessen besucht hatte, fühlte ich mich ziemlich kompetent und glaubte, ziemlich gut zu wissen, was und wie ich es sagen würde.

Die Dame, die die Messe organisierte, rief mich an und fragte: „Hätten Sie etwas dagegen, wenn wir Ihre Präsentation aufnehmen?" Ich fühlte mich geschmeichelt. Nie zuvor wurde ein Vortrag von mir auf Video aufgenommen, und ich sagte ihr, dass ich überhaupt nichts dagegen hätte, wenn ich eine Originalaufzeichnung bekommen könnte. Ich dachte mir: *„Eigentlich könnte ich daraus ein Produkt machen und es für viel Geld verkaufen!"*

Als meine Präsentation beendet war, applaudierten alle. Ich dachte, ich hätte eine *tolle* Präsentation gehalten. Dann bekam ich meine VHS-Kassette mit der Aufzeichnung. In derselben Nacht machte ich mir Popcorn, lehnte mich in meinem Ruhesessel zurück und wollte mir den „King" ansehen.

Nach 15 Minuten meines dreistündigen Vortrags klammerte ich mich so fest an die Armlehnen meines Sessels, dass ich meine Finger nicht mehr auseinander bekam. Kurz gesagt, ich war ätzend. Nein, ich meine, *wirklich total* ätzend. Ich war arrogant, herablassend, verzog keine Miene, meine Kleidung saß schlecht und ich war dabei, eine Glatze zu bekommen.

Egal wie ich es auch betrachtete, der Anblick war äußerst unschön. Mit Schmerzen sah ich mir noch die folgenden 2 Stunden und 45 Minuten an. Es war grässlich. Selbst die Katze floh. Aber ich beschloss, mir die Aufzeichnung erneut anzusehen. Und dieses Mal machte ich mir Notizen.

Ich erstellte eine Liste mit allen Dingen, die ich falsch gemacht hatte, gab sie in meinen Computer ein, druckte sie aus und trug diese Liste in den folgenden drei Jahren stets bei mir. Jedes Mal, wenn ich einen Vortrag hielt, las ich die Liste vorher durch und legte Sie genau vor mir hin auf den Tisch beziehungsweise das Podium. Lächeln war ein so wichtiger Punkt, dass ich ihn als ersten und letzten Punkt auf die Liste schrieb.

Die Moral von der Geschichte ist: *Wenn Sie sich nicht filmen, werden Sie nie erfahren, wie gut oder schlecht Sie sind.*

Die Aufzeichnung meines Vortrags konfrontierte mich mit der Realität und bot mir eine Plattform für Verbesserung und neue Lernerfahrungen. Wäre mein Vortrag an dem Tag nicht aufgenommen worden, hätte ich nie die Macht der Videoaufzeichnung erkannt, und ich wäre in dem Glauben aus dem Vortrag gegangen, eine großartige Präsentation gehalten zu haben – so wie Sie.

Ich kenne Sie nicht. Ich danke Ihnen dafür, dass Sie mein Buch gekauft haben, aber wahrscheinlich kenne ich Sie nicht persönlich. Ich gehe jede Wette ein, dass Sie keine Videoaufzeichnung Ihrer Präsentation besitzen. Witzig; wenn ich Sie fragen würde, wie gut Sie sind, würden Sie wahrscheinlich sagen: „Ziemlich gut." Ich würde Ihnen antworten: „Ohne Videoaufzeichnung haben Sie keinen blassen Schimmer."

Die Aufnahme Ihrer Präsentation ist die beste und einzige Methode, um die Realität einzufangen und sich selber die Chance zur Verbesserung zu bieten. Ich habe es getan.

ELEMENT 7

ÜBERREDUNGS- KUNST IM VERKAUF

"Auch wenn Sie nicht im Verkauf tätig sind, lesen Sie dieses Kapitel trotzdem. Sie werden es lieben!"

"Wuff!"

Wichtige Tipps für Ihre Show, die zu einem Verkaufsabschluss führen

Sie haben einen WICHTIGEN Termin? Sie wollen (oder brauchen) einen Verkaufsabschluss?

Natürlich wollen Sie das. Jeder will einen Verkaufsabschluss erzielen, insbesondere wenn es sich dabei um einen GROSSEN Auftrag handelt.

HIER DIE GUTEN NACHRICHTEN: Es geht nicht darum, *"wie* man einen Verkaufsabschuss erzielt". Die folgenden drei Seiten enthalten Verkaufsaspekte, mit denen Sie Ihren potenziellen Käufer für sich gewinnen. Sie sind viel wirkungsvoller als das übliche Verfahren „Bedürfnisse ermitteln, Produkt vorstellen, Einwandbehandlung, Abschluss, Nachfassen".

Die folgenden Elemente reichen weit über das „Verkaufssystem" und traditionelle Verkaufsmethoden hinaus. Diese Elemente sind für Profis gedacht, die Kundenbeziehungen aufbauen und nicht nur einen schellen Verkaufsabschluss erzielen wollen. Diese Elemente führen zum Aufbau einer Partnerschaft; sie wecken bei Ihrem Interessenten eine Kaufabsicht.

Und hier die 11,5 wichtigsten Elemente, die Sie in Ihre Verkaufsvorstellung einbauen müssen:

1. Entwickeln Sie ein System des Glaubens in Ihr Unternehmen, Ihr Produkt oder Ihre Dienstleistung und in sich selbst, das so stark ist, dass Sie jeden Verkauf bereits als abgeschlossen betrachten, bevor Sie überhaupt durch die Tür treten. Diese mentale Einstellung ist das wirkungsvollste Element, das Sie aufbieten können. Wenn Ihr Glaube schwach ist, wird Ihre Leidenschaft nur schwach glimmen, und Ihr potenzieller Käufer wird kein Feuer fangen.

2. Machen Sie am Abend zuvor Ihre Hausaufgaben. Bereiten Sie Ideen vor, die Ihrem Kunden dabei helfen, mehr zu produzieren und höhere Gewinne zu erwirtschaften. Mit Ideen aufwarten zu können, von denen Ihr Kaufinteressent profitieren kann, wird Ihr Selbstvertrauen stärken. Das wird Ihnen das Gefühl von Siegessicherheit geben, und Sie werden sich in der Lage fühlen, zu erreichen, was Sie wollen.

3. Entspannen Sie sich vorher. Bringen Sie sich in eine gelassene und gleichzeitig positiv angespannte Stimmung. Hören Sie auf dem Weg zum Termin Ihre Lieblingsmusik. Seien Sie dynamisch und gut gelaunt.

4. Richten Sie sich mental darauf aus, Ihrem potenziellen Kunden dabei zu helfen, seine Ziele zu erfüllen, und NICHT darauf, Ihre Produkte loszuwerden. Damit haben Sie für den Termin einen Spielplan und gleichzeitig eine Agenda.

5. Teilen Sie Ihrem potenziellen Kunden mit, dass Sie einige gute Ideen dabei haben, die ihm nutzen werden. Damit differenzieren Sie sich augenblicklich von anderen Verkäufern. Ihr Interessent wird Ihnen dadurch von Anfang an interessiert zuhören.

6. Stellen Sie eine positive Verbindung zu Ihrem Kaufinteressenten her, bevor Sie mit dem eigentlichen Verkaufsgespräch beginnen. Seien Sie sympathisch. Wenn Ihr Gegenüber Sie nicht mag, dann wird das Ihre Verkaufschancen empfindlich beeinträchtigen. Machen Sie Smalltalk; das ermöglicht Ihnen, eine gemeinsame Basis zu finden. Smalltalk trägt dazu bei, dass sich alle Beteiligten entspannen, und wenn Sie Glück haben oder clever genug sind, hilft es, eine „Verbindung" zu finden (eine gemeinsame Leidenschaft). Dann haben Sie bereits die Grundlage für ein positives Ergebnis und den Beginn einer Beziehung – keiner Verkaufspräsentation – gelegt.

Wenn Ihr Interessent zu Beginn des Gesprächs nicht lächelt und nicht freundlich ist, dann HAUEN SIE REIN! Ohne Preisfeilscherei werden Sie wahrscheinlich zu keinem Abschluss kommen. Knallhartes Geschäft bedeutet knallharte Preisverhandlungen.

7. Stellen Sie zu Beginn EINE Killerfrage. Eine, die Ihren potenziellen Käufer zum Einhalten und Nachdenken, zur Erwägung neuer Informationen und zu einer Reaktion in Ihrem Sinne bringt. Bringen Sie ihn dazu, auf Basis seiner vergangenen Erfahrung oder seiner Meinung zu antworten. Veranlassen Sie ihn zum Nachdenken. Ziehen Sie ihn in das Gespräch hinein. Und verdienen Sie sich mit Ihren Fragen seinen Respekt.

8. Schaffen Sie im Verlauf Ihres Vortrags werthaltige Punkte und Differenzierungsgebiete. Das ist wie bei einem Preiskampf. Sie müssen jede Runde für sich entscheiden, um den Kampf zu gewinnen. Sie müssen Ihren Kaufinteressen nicht k. o. schlagen – Sie müssen ihm nur die Kaufentscheidung entlocken.

9. Achten Sie darauf, dass Sie den Verkaufsabschluss nicht „brauchen". Wenn Sie am Monatsende sind, wenn es ein großer Kunde ist und es sich um einen „Muss"-Auftrag handelt, dann ist es sehr wahrscheinlich, dass man diese Tatsache an Ihrem Verhalten ablesen kann. Sie werden zu aufdringlich sein und zu sehr auf einen „sofortigen" Verkaufsabschluss drängen. Sie werden versuchen, den Verkaufsabschluss so zu manipulieren, dass er noch in Ihre Monats- oder Quartalsziele einfließt. Es gibt im Verkauf schlimmere Fehler, aber ich muss scharf nachdenken, damit mir einer einfällt. Ganz nebenbei, der Grund, warum Sie Ihren Interessenten so unter Druck setzen, ist, dass Sie keine weiteren potenziellen Abschlüsse in petto haben.

10. Denken Sie an alle Abschlüsse, die Sie bereits getätigt haben. Bewahren Sie sich Ihre Siegermentalität, aber konzentrieren Sie sich darauf, Ihrem Kunden dabei zu helfen, ebenfalls ein Sieger zu sein. Je mehr er das Gefühl hat, er habe etwas „zu gewinnen", desto eher wird er kaufen. Im Zweifelsfall stellen Sie noch mehr Fragen; im Zweifelsfall denken Sie langfristig.

11. Haben Sie keine Scheu davor, Ihren Kunden direkt zum Kauf aufzufordern. Deswegen sind Sie gekommen, erinnern Sie sich?

11,5. Während Sie versuchen, den Wert Ihres Kaufinteressenten zu taxieren, taxiert er Sie ebenfalls auf Ihren Wert für ihn. Das ist ein Geheimnis, das die meisten Verkäufer nicht erkennen und das Ihnen nie irgendjemand zeigt. Aus der Art und Weise, wie Sie den Raum betreten haben, aus Ihrem äußeren Auftreten, Ihrem Umgang mit der Rezeptionistin und Ihren ersten Worten bildet sich Ihr Gesprächspartner ein Urteil über Sie und Ihre Persönlichkeit. Und er entscheidet in diesem Augenblick, ob er mit Ihnen Geschäfte machen will. Nicht Ihr Unternehmen entscheidet, nicht Ihr Produkt und nicht Ihre Dienstleistung, SIE entscheiden darüber, ob Ihr Kaufinteressent sich tatsächlich zum Kauf entschließt.

„Ich komme immer nackt zu Verkaufspräsentationen, damit Sie sehen können, dass ich keine Knöpfe habe, die Sie drücken können."

Welches ist der BESTE Weg, um eine Verkaufspräsentation zu halten?

Die eigenen Vorstellungen durchzusetzen heißt, sich selbst, seine Ideen und sein Produkt oder seine Dienstleistung an andere zu verkaufen.

„Aber Jeffrey", jammern Sie, „ich bin nicht im Verkauf tätig."

Jeder Aspekt der Durchsetzung Ihrer Vorstellungen enthält in gewisser Weise ein Verkaufselement. In einem Bewerbungsgespräch verkaufen Sie sich selbst. Wenn Sie einen Bankkredit beantragen, verkaufen Sie Ihre Fähigkeit, die Kreditraten zu tilgen, und Sie verkaufen auch Ihre Geschichte. Als Eltern verkaufen Sie Ihren Kindern Ihre Vorstellungen und Ihre Autorität. Als Ehepartner verkaufen Sie den langfristigen Wert Ihrer Beziehung und Ihre Bindungsfähigkeit.

Wenn Sie im Geschäftsleben keinen Kredit von der Bank erhalten, müssen Sie sich an Ihren Lieferanten wenden, damit Sie Ihr Geschäft fortführen können. Sie müssen Ihren Wert verkaufen und Ihren Lieferanten davon überzeugen, oder Sie geraten in eine Krise.

Bei einem Vorstellungsgespräch verkauft sich manchmal der Kandidat dem Unternehmen, und manchmal verkauft sich auch das Unternehmen dem Kandidaten. Denken Sie an Ihre Kollegen oder Mitarbeiter – Überredung findet immer und überall statt, bei der Ausführung von Aufgaben und der Selbstverbesserung. Alle Tätigkeiten erfordern in irgendeiner Form Verkaufsfähigkeiten.

Jede Geschäftsform, jede Lebensform und jede Art der Durchsetzung Ihrer Vorstellungen – egal wie sie beschaffen sein mögen – enthalten Verkaufsaspekte.

Betrachten Sie Ihre Kinder als die besten Verkäufer auf dem Planeten.

> Was glauben Sie wohl, warum es immer die Pfadfindermädchen sind, die die Kekse verkaufen, und nicht ihre Mütter?
> Weil Kinder tausendmal bessere Verkäufer sind. Sie haben mehr Enthusiasmus, mehr Leidenschaft, und sie sind vom Leben (noch) nicht entmutigt.

Neulich nach einem Seminar fragte mich jemand, warum ich bei meinem Vortrag so entspannt gewesen sei. Ich antwortete: „Ich mache mir keine Gedanken darüber, was ich als Nächstes sage. Ich habe mich gut auf die Präsentation vorbereitet. Ich habe Erfahrung mit Präsentationen vor großen Gruppen. Ich habe kein Lampenfieber. Und ich liebe meinen Beruf." Nun, das beantwortet die Frage.

Eine Minute später machte jemand anderes eine Bemerkung darüber, wie intensiv und fokussiert ich gewesen sei. Wie sei das möglich? Ein Teilnehmer sagt: „entspannt", ein anderer sagt: „intensiv." Ich musste kurz einhalten und darüber nachdenken.

Als ich an mehrere tausend Verkaufs- und Podiumsauftritte aus den Jahren zuvor zurückdachte, wurde die Antwort klarer. Ich bin immer bereit. Ich bin immer entspannt. Ich weiß immer, warum ich da bin, und ich weiß immer, was ich will.

Ich beantwortete die Anmerkung „intensiv" mit dem Satz: „Ich möchte sichergehen, dass meine Botschaft durchdringt und dass ich sie mit größtmöglicher Leidenschaft rüberbringe." „Das sind keine 100 Prozent", fügte ich hinzu. „Es ist ungefähr 50:50; 50 Prozent Intensität und 50 Prozent Entspannung."

Meine Antwort war eine Offenbarung über den Verkaufsprozess, der Ihnen helfen wird zu verstehen, *wie* Sie eine bessere Präsentation halten und gleichzeitig eine Atmosphäre der Kaufbereitschaft herstellen können.

Entspannung ist die Grundlage Ihres Agierens.

Intensiv ist der Fokus auf Ihre Fähigkeit, anderen zu helfen, und das Ziel Ihrer Anwesenheit: der Verkaufsabschluss, der Preis oder die Durchsetzung Ihrer Vorstellungen.

Intensive Entspannung erscheint als ein Widerspruch in sich, aber wenn Sie gut vorbereitet sind, ermöglicht Ihnen Ihre entspannte Haltung, sich mental auf das Ziel und nicht auf die Information zu konzentrieren. Und Sie können mit einem ansteckenden Selbstvertrauen auf das Ziel fokussieren.

Eine intensive Vorbereitung ist der Schlüssel. Sie befreit von Nervosität und sät gleichzeitig Selbstvertrauen. Sie sind zum Sieg bereit. Und die intensive Vorbereitung ermöglicht Ihnen, den Verkaufsabschluss „voranzutreiben", statt auf ihn zu „hoffen."

Nervöse Menschen sind unvorbereitet. Oder es ist ihnen nicht gelungen, ihre Angst vor dem Misserfolg in freudig angespannte Erfolgserwartung zu verwandeln. Gut vorbereitete Menschen sind in der Lage, nervöse Energie in fokussierte Energie – in Intensität – umzuwandeln.

ENTSPANNUNGSGEHEIMNIS NUMMER EINS: Wenn ich vor einer Gruppe auftrete, komme ich nie gleich zur Sache. Vor der eigentlichen Präsentation mische ich mich unter die Leute und schüttele mit einem Lächeln so viele Hände wie möglich. Wenn 500 Zuhörer im Raum sind, dann habe ich mit einem von direktem Augenkontakt begleiteten Lächeln und einer kurzen Bemerkung 100 Hände geschüttelt, um einen ebenso direkten

Augenkontakt und ein Lächeln zurückzuerhalten. *Was können Sie tun, um sich vor dem Vortrag zu entspannen und Gelassenheit zu gewinnen?*

ENTSPANNUNGSGEHEIMNIS NUMMER ZWEI: Eine SUPERWICHTIGE Regel bei jeder Präsentation vor einer Einzelperson oder einer Gruppe lautet: *Gewinnen Sie zuerst Sympathien, oder fangen Sie gar nicht erst an.* Sympathieträger haben eine bessere Chance, ohne Stress oder Manipulation zu kommunizieren. *Was können Sie tun, um als Erstes Sympathien zu gewinnen?*

ENTSPANNUNGSGEHEIMNIS NUMMER ZWEI KOMMA FÜNF: Entspannung lässt die Botschaft zu Ihrem Empfänger durchdringen. Sie sorgt dafür, dass die Präsentation eher einer Unterhaltung als einem Verkaufsgespräch gleicht. *Sie sind entspannt, und die Atmosphäre ist entspannt.*

INTENSITÄTSGEHEIMNIS NUMMER EINS: Sie müssen bei einer Verkaufspräsentation Ihr gesamtes mentales Arsenal dabei haben. Leidenschaft, Glaube an sich selbst, Glaube an das Unternehmen und sein Produkt, bisherige Selbsterfolge *und* Verkaufserfolge sowie das profunde Wissen, dass keine Frage Sie von Ihrem Fokus ablenken und Ihren Glauben an sich selbst erschüttern kann. *Wie schlagkräftig sind Ihre mentalen Verkaufswaffen?*

INTENSITÄTSGEHEIMNIS NUMMER ZWEI: Die Konzentration auf die Übermittlung der Botschaft mit maximaler Wirkung und Glaubwürdigkeit macht die Botschaft ansteckend – wenn es Ihnen gelingt, das in einer entspannten Atmosphäre zu tun, dann ist das Balance, Baby. *Wie ansteckend ist Ihre Botschaft?*

INTENSITÄTSGEHEIMNIS NUMMER ZWEI KOMMA FÜNF: Wenn Sie Ihren inneren Fokus darauf vorbereitet haben, Ihren Zuhörern zu helfen, eine Kaufentscheidung zu treffen, und dieser im Einklang mit Ihrem Glauben an sich selbst und Ihrem Selbstvertrauen steht, dann beginnen Sie, *intensive Entspannung* zu praktizieren.

Es verblüfft mich immer wieder, wie einfach Verkauf in Wirklichkeit ist. Verkaufen ist so lange unkompliziert, bis Ihnen jemand einredet, es gebe ein „System", das todsicher funktioniert. Quatsch. Und richtig komplex wird es, wenn Sie eine Woche damit verbringen, sich dieses System anzueignen. Noch größerer Quatsch. Aber dumm wird es erst, wenn Sie versuchen, das System in Ihre Verkaufspräsentation einzubauen und Sie Ihren Fokus verlieren, weil Sie sich auf ein System konzentrieren und nicht darauf, anderen Menschen zu helfen. Riesenquatsch. Verkaufsquatsch.

MEIN WEG IST GANZ EINFACH: Machen Sie sich bereit, gewinnen Sie Sympathien, beherrschen Sie Ihre Materie, kennen Sie Ihr Ziel und entspannen Sie sich. Und dann wiederholen Sie diesen Prozess.

„Seien Sie vor allem aufrichtig – auch wenn Sie nur so tun, als ob."

Kostenloser GITBit: ... Wollen Sie eine Liste der Faktoren, die Stress verursachen und die entspannenden Gegenmittel? Rufen Sie die Website www.gitomer.com auf, registrieren Sie sich beim ersten Besuch als Nutzer und geben Sie STRESS in die GitBit-Box ein.

Ihre Freundlichkeit, kombiniert mit der Leidenschaft und Überzeugung Ihres Glaubens an sich selbst, verhilft dazu, dass Ihre Präsentation positiv aufgenommen wird.

– Jeffrey Gitomer

Sie bekommen nicht, was Sie wollen? Sie schaffen es nicht, den Verkauf abzuschließen? An wem liegt das wohl?

Schieben Sie die Schuld auf den Kaufinteressenten, wenn Sie es nicht schaffen, den Verkauf zum Abschluss zu führen? Sagen Sie Ihrem Chef, es sei die Schuld des potenziellen Kunden, dass er Ihnen keinen Termin gibt? Oder dass er jetzt erstmal keinen Auftrag erteilt? Oder dass das Produkt zu teuer ist?

Nach 25 Jahren des aktiven Verkaufs, der Verkaufsschulung und -beratung bleibt eine Sache wahr: Ich habe noch nie einen Verkäufer erlebt, der gesagt hätte: „Der Interessent hat nicht gekauft, und das war *meine Schuld*" oder „Der Interessent hat mir keinen Termin gegeben, und das war *meine Schuld*."

„Aber Jeffrey, Sie verstehen nicht. Meine Situation ist ganz anders." Reiner Quatsch. Das Einzige, was an Ihrer Situation anders ist, ist, dass Sie lieber jemand anderem die Schuld geben als sich selber.

WENN IHR INTERESSENT SIE MIT AUSSAGEN WIE DIESEN HINHÄLT:

„Rufen Sie doch in zwei Wochen wieder an."

„Wir hatten noch keine Gelegenheit, das zu besprechen. Melden Sie sich in drei Tagen noch einmal."

„Ja, wir sind noch interessiert, aber hier war so viel los, dass ..."

„Ich muss das erst mit meinem Geschäftspartner besprechen."

„Ich will noch nicht kaufen."

DANN IST DAS NICHT SEINE SCHULD, MANN, SONDERN IHRE.

Der Schlüssel liegt darin, die Verantwortung für den „noch nicht getätigten Verkauf" zu übernehmen und Fragen zu stellen, um den Interessenten dazu zu bringen, dass er mehr darüber erzählt, warum er sich nicht zum Kauf entschließt. Er hat nicht Nein gesagt, also haben Sie einfach seine Fragen noch nicht beantwortet.

Menschen sind mit ihren eigenen Problemen beschäftigt, so wie Sie mit Ihren Problemen beschäftigt sind. Ein möglicher Kunde interessiert sich nicht die Bohne für Ihr Angebot, es sei denn, er könnte darin einen Vorteil für sich oder einen Bedarf erkennen. Das ist selbstsüchtig, aber wahr.

Wenn ein potenzieller Käufer sagt: „Ich kann es Ihnen bis Donnerstag um 13 Uhr sagen", dann wird das für den Verkäufer zur Deadline. Wenn Sie verstehen, dass dem potenziellen Käufer Datum und Zeit völlig egal sind, dann sind Sie auf dem besten Weg, Ihre Verantwortung als Verkäufer zu akzeptieren.

Wenn Sie das nächste Mal nachfassen, nehmen Sie eine proaktive Haltung ein, um Ihren Interessenten auf seine Worte festzunageln. Wenn er bis Dienstag eine Entscheidung treffen will, fragen Sie: „Könnte ich Mittwoch um 10 Uhr kurz vorbeikommen, um die guten Nachrichten persönlich entgegenzunehmen?" An einem gewissen Punkt, wenn Sie diese Schleife schon einige Male mit diesem Kunden gedreht haben, wissen Sie, dass Sie nichts zu verlieren haben. Dann können Sie genauso gut direkt fragen, ob er nun kaufen will oder nicht. Sie können nicht das ganze folgende Jahr mit Jammern und Flehen verbringen. Das lohnt weder Zeit noch Mühe.

Und wenn Ihr Interessent einfach zu der Sorte Mensch gehört, die sich schwertut, ein klares Nein zu sagen? Dann konfrontieren Sie ihn mit der Entscheidung, doch signalisieren Sie Verständnis. Sie müssen aber dennoch Fragen stellen, um herauszufinden, warum er die Entscheidung verschiebt.

Sie müssen bereit sein, das Risiko einzugehen, den echten Einwand zu hören. Wenn Sie glauben, dass aus dem Verkauf so oder so nichts wird, dann können Sie noch größere Risiken eingehen. Nutzen Sie *harte Verkaufsverhandlungen* oder *gescheiterte Verkaufsverhandlungen* als Lernerfahrung. Sehen Sie, wie weit Sie gehen können, um die Wahrheit ans Licht zu bringen.

Die blanke Wahrheit ist schmerzhaft. Sind Sie für alle sechs Wahrheiten bereit?

1. **Sie haben nicht genügend Bedarf erzeugt.**
2. **Sie haben die wahren Einwände nicht aufgedeckt.**
3. **Sie haben nicht genug Dringlichkeit erzeugt.**
4. **Sie haben den potenziellen Käufer nicht von den diversen Nutzenaspekten Ihres Angebots überzeugt.**
5. **Sie haben nicht genügend Vertrauen aufgebaut.**
6. **Sie haben nicht genug Selbstvertrauen gebildet, oder?**

Was Sie *nicht tun* und was Sie *tun sollten:*

- **Geben Sie die Schuld nicht dem Kaufinteressenten.**
- **Beklagen Sie sich nicht über seine Ausreden.**
- **Finden Sie seine wahren Einwände heraus.**
- **Finden Sie eine Lösung für diese Einwände.**
- **Versuchen Sie Ihr Bestes, um die Einwände zu entkräften und anschließend den Verkauf abzuschließen.**
- **UND sorgen Sie dafür, dass sich dieser Einwand das nächste Mal nicht wiederholt.**

Die Verantwortung dafür liegt bei Ihnen. Wenn Sie professionell verkaufen wollen, dann blicken Sie den Tatsachen ins Auge und erkennen Sie, an wem es liegt, wenn ein Verkauf scheitert.

Wenn das Verkaufsgespräch vorbei ist und Sie nicht erfolgreich waren, dann übernehmen Sie dafür die Verantwortung, halten Sie den Kopf hoch und machen Sie sich auf den Weg zu Ihrem nächsten Kunden.

Halten Sie sich einen Spiegel vor. Übernehmen Sie Verantwortung. Setzen Sie Ihren Kopf durch.

„Auf der anderen Seite müssen Sie wissen, wann Sie sich von einer schlechten Idee verabschieden müssen."

Kostenloser GIT Bit: ... Wollen Sie die sieben Schritte zur Entkräftung von Einwänden wissen und die perfekte Antwort auf die Hinhaltetaktik „Ich werde es mir überlegen" erfahren? Besuchen Sie die Website www.gitomer.com, registrieren Sie sich bei Ihrem ersten Besuch als Nutzer und geben Sie OBJECTION in die GitBit-Box ein.

Nicht Ihre Vorstellungen durchgesetzt? Falsch – kein Vertrauen aufgebaut

Der potenzielle Kunde hat NEIN gesagt. Verdammter Mist.

Ist der Verkauf verloren, oder ist es Ihnen einfach nicht gelungen, abzuschließen? Sie sind sicher, dass der potenzielle Kunde hätte kaufen sollen. Während Sie Wunden leckend zu Ihrem Auto gehen, versuchen Sie herauszufinden, warum er Ihr Angebot abgelehnt hat.

Wenn Sie sich die grundlegenden Fragen des Selbstzweifels stellen – „Bin ich enthusiastisch, freundlich und professionell aufgetreten?" –, müssen Sie vielleicht etwas tiefer nach den wahren Antworten graben. Selbst wenn die Wahrheit schmerzt, wenn Sie erkennen, wo Sie Fehler gemacht haben, ist das ein großer Schritt auf dem Weg zur Erreichung Ihrer Ziele beim nächsten Mal.

Lassen Sie mich Ihnen ein wenig Qualen zufügen und sie Ihnen gleichzeitig ersparen: *Es ist Ihnen nicht gelungen, das Vertrauen des Kunden zu gewinnen.* „Hey, Jeffrey, da liegen Sie aber total falsch. Der Typ fand mich sehr sympathisch", protestieren Sie. Vielleicht, aber Sympathie ist nur eine Seite der Verkaufsgleichung.

Machen Sie den *Jeffrey-Gitomer-Test über Vertrauensbildung* und bewerten Sie Ihre Fähigkeiten. Wenn Sie bereit sind, sich selber und Ihre Fähigkeiten objektiv zu beurteilen, dann stellen Sie sich die folgenden 14,5 aufschlussreichen Fragen und bewerten Sie sich bei jeder Frage auf der Skala von 1 bis 10 (1 ist die schlechteste und 10 die beste Bewertung).

1. War ich pünktlich? War ich fünf Minuten zu früh da (gut) oder fünf Minuten zu spät (ganz schlecht)?

2. War ich vorbereitet? Hatte ich beim Verkaufsgespräch alles Notwendige für einen Abschluss dabei?

3. War ich organisiert? Hatte ich alles sofort griffbereit, oder musste ich in den Unterlagen suchen?

4. Konnte ich alle Produktfragen beantworten? Kenne ich das Produkt in- und auswendig, oder musste ich ständig „nachsehen und reiche Ihnen die Antwort nach"?

5. Habe ich nach Ausreden oder für irgendetwas nach einem Sündenbock gesucht? Das Muster wurde mir nicht rechtzeitig zugesendet ... Das Unternehmen hat mir nicht die richtigen Informationen gegeben ...

6. Musste ich mich entschuldigen? Es tut mir leid, ich bin unvorbereitet, kann das nicht beantworten, habe die korrekten Informationen nicht dabei und den falschen Preis genannt.

7. Hat der potenzielle Kunde versucht, Probleme mit meinem Unternehmen zu ergründen? „Wenn ich kaufe", fragt Mrs. Johnson, „woher weiß ich, dass Sie in sechs Monaten noch da sind, um sich um mich als Ihre Kundin zu kümmern?"

8. Hat der potenzielle Kunde skeptische Fragen über mein Produkt gestellt? „Was passiert, wenn das Produkt nach der Garantiezeit kaputtgeht?" oder „Wer hat das Produkt noch gekauft?"

9. Hat der potenzielle Kunde skeptische Fragen über mich gestellt? „Wie lange arbeiten Sie schon bei dieser Firma?" oder „Welche Erfahrung haben Sie?"

10. Habe ich andere glückliche und loyale Kunden wirkungsvoll erwähnt? Oder habe ich versäumt, als Antwort auf eine unverblümte Frage den Namen eines glücklichen Kunden zu erwähnen?

11. Hatte ich das Gefühl, ich sei in der Defensive? Habe ich Fragen ständig in Neutren beantwortet, statt mich auf mein Produkt/meine Dienstleistung zu beziehen? Konnte ich meine Behauptungen belegen?

12. Ist es mir gelungen, alle Einwände selbstsicher zu entkräften? Habe ich mich unfähig gefühlt, mit Selbstvertrauen auf Fragen meines potenziellen Kunden über den Preis, die Qualität und andere Themen zu antworten, die dem Verkauf unter Umständen im Weg stehen? Habe ich versucht, Selbstsicherheit vorzutäuschen?

13. Habe ich den Wettbewerb schlecht gemacht? Habe ich meinen Wettbewerber (möglicherweise der bisherige Lieferant meines potenziellen Kunden) abgewertet? Habe ich abfällige Äußerungen über den Wettbewerb gemacht, um mich oder mein Produkt besser aussehen zu lassen?

14. War mein potenzieller Kunde während der Verkaufspräsentation unbeteiligt? Hat er einfach nur dagesessen, oder – schlimmer noch – sich mit anderen Dingen beschäftigt, während ich gesprochen habe?

14,5. War ich zu eifrig auf einen Abschluss bedacht? War es für den potenziellen Kunden offensichtlich, dass mit dem Kauf eine Provision verbunden ist?

Harte Fragen. Aber ich stelle sie, weil „Vertrauen" zu Beginn einer jeden Beziehung schwer fassbar, schwer herzustellen und leicht wieder zu verlieren ist. Diese Fragen sind auf Sie ausgerichtet, um Ihre Verkaufsfähigkeit zu bestimmen und Ihre (Un-)Fähigkeit zu eruieren, aus einer Situation, in der Ihnen gerade jemand Nein gesagt hat, Vertrauen für die Zukunft zu ziehen. Diese Antworten werden Sie zum nächsten Verkauf führen, bei dem Sie besser darauf vorbereitet sein werden, durch (Selbst-)Vertrauen statt Manipulation einen Abschluss herbeizuführen.

Eine der zentralen Lektionen im Verkauf lautet: *Wenn potenzielle Kunden Sie sympathisch, glaubwürdig und vertrauenswürdig finden und Zuversicht in Sie setzen, kaufen sie VIELLEICHT bei Ihnen.* Wenn auch nur eines dieser Elemente fehlt, wird aus dem Verkauf ein Nichtverkauf.

Wenn der potenzielle Kunde sagt: „NEIN", ist der Grund höchstwahrscheinlich mangelndes Vertrauen. *Wie ärgerlich!*

„35 Jahre lang habe ich versucht, Sie als Kunden zu gewinnen. Jetzt, da wir beide hier sind, habe ich den Rest der Ewigkeit Zeit, um es weiterhin zu versuchen."

Kostenloser GIT Bit: ... **Wollen Sie meine Liste mit den 10,5 Regeln lesen, die den Kern Ihrer Fähigkeit ausmachen, potenzielle Kunden zu verstehen und richtig mit ihnen umzugehen?** Besuchen Sie die Website www.gitomer.com, registrieren Sie sich bei Ihrem ersten Besuch als Nutzer und geben Sie POINT OF VIEW in die GitBit-Box ein.

Setzen Sie sich dem „Nein" und „Nicht jetzt" aus, um ein „Ja" zu erhalten

97 Prozent aller Verkaufsabschlüsse werden *nicht* beim ersten Anruf erzielt.

Ungefähr fünf bis zehn Verkaufskontakte sind nötig, bis ein potenzieller Kunde „Ja" sagt. Vielleicht sagt er nicht bei jedem Folgetermin Nein, aber letztlich sagt er Ihnen bei jedem Folgetermin, bei dem er nicht kauft: „Jetzt nicht, Buddy. Du musst noch einiges für mich tun. Ich möchte noch weiter Preise vergleichen. Ich habe noch nicht mit meinem Partner gesprochen. Versuchen Sie es später wieder." Kurz gesagt: „Sie haben mich noch nicht im Sack."

Als professioneller Verkäufer verfügen Sie besser über ein gerüttelt Maß an Beharrlichkeit, um dranzubleiben und nicht aufzugeben. Sie müssen bereit sein, kreative, werthaltige Anstrengungen zu unternehmen, sich bis zum letzten Nein durchzukämpfen, oder Sie suchen sich besser einen Kaufhausjob, bei dem Sie nach Stunden bezahlt werden.

Hier einige Richtlinien für Folgetermine, die zu einem erfolgreichen Verkaufsabschluss führen:

- **Bringen Sie die wahren Gründe dafür in Erfahrung, warum Ihr potenzieller Kunde Ihr Produkt will oder braucht.**
- **Bringen Sie die wahren Gründe dafür in Erfahrung, warum Ihr potenzieller Kunde Ihr Produkt nicht will oder braucht.**
- **Treten Sie sympathisch auf. Menschen kaufen gerne von sympathischen Menschen.**

- Bringen Sie die „Kaufauslöser" Ihres Kunden in Erfahrung (also Dinge, von denen Sie glauben, dass sie ihn zum Kauf veranlassen), und arbeiten Sie mit Ihnen, wenn Sie Ihre Nachfassaktionen planen.
- Sprechen Sie darüber, wie Ihr Produkt verwendet wird. Sie müssen wissen, wie Ihr Kunde damit seine Produktivität steigern und wie er durch den Besitz Ihres Produktes höhere Gewinne erzielen kann.
- Präsentieren Sie bei jedem Folgeanruf oder Folgetermin neue verkaufsrelevante Informationen.
- Sie müssen den aufrichtigen Wunsch haben, zuerst Ihrem Kunden helfen und erst in zweiter Linie die Provision kassieren zu wollen.
- Pflegen Sie eine direkte Kommunikation. Wenn Sie um den heißen Brei herumreden, wird das Ihren potenziellen Kunden nur verärgern (und ihn wahrscheinlich dazu veranlassen, woanders zu kaufen). Beantworten Sie alle Fragen. Gängeln Sie Ihren potenziellen Kunden nicht.
- Arbeiten Sie mit Humor. Seien Sie witzig. Menschen lachen gerne. Ihren potenziellen Kunden zum Lachen zu bringen, ist eine großartige Methode, um eine gemeinsame Basis zu schaffen und eine Beziehung herzustellen.
- Schließen Sie sich zur Erzielung des Verkaufsabschlusses im Zweifelsfall den Gründen Ihres potenziellen Kunden an, und vergessen Sie Ihre eigenen.
- Scheuen Sie sich nicht, den potenziellen Kunden jedes Mal direkt zum Kauf aufzufordern.

GROSSER TIPP: Keine wahrgenommene Differenzierung, kein Verkauf. **NOCH GRÖSSERER TIPP:** Kein wahrgenommener Wert, kein Verkauf. **GRÖSSTER TIPP:** Wenn Sie anrufen und keine Nachricht hinterlassen, dann liegt das daran, dass Sie nichts Wertvolles zu sagen haben.

Gäbe es eine Formel für Nachfassaktionen, würde sie lauten:
Die Gründe des potenziellen Kunden + neue Information +
wahrgenommene Differenzierung + Wert + seine Gewinnsteigerung + seine Produktivitätssteigerung + Ihre Kreativität +
Ihre Aufrichtigkeit + Ihre Direktheit + Ihr sympathisches Auftreten + Ihr Humor + Ihre Frage = VERKAUFSABSCHLUSS.

Aber es gibt keine exakte Formel, die auf alle Situationen passt.
Jeder Nachfasstermin ist anders, sodass die hier genannten Elemente je nach den individuellen Umständen ausgewählt werden müssen.

Hier einige einleitende Sätze, falls Sie nicht nicht genau wissen, wie Sie anfangen sollen:

- **Ich habe etwas entdeckt, von dem ich glaube, dass es für Ihre Entscheidung von Bedeutung sein könnte …**

- **Ich habe Ihnen gerade eine E-Mail von einem Kunden gesendet, der eine ähnliche Erfahrung wie Sie gemacht hat …**

- **Es hat sich etwas Neues ereignet, das Sie meiner Meinung nach wissen sollten …**

- **Ich habe an Sie gedacht und Sie gleich angerufen, um zu hören, ob Sie etwas über XY in Erfahrung gebracht haben ….**

SAGEN SIE NICHT: „Ich habe Sie angerufen, weil ich hören wollte, ob Sie meinen Brief/mein Angebot/meine Information/mein Muster erhalten haben." Das klingt dämlich und bietet dem potenziellen Käufer eine Fluchttür. Wenn er nicht mit Ihnen sprechen möchte, wird er sagen: „Nein, habe ich nie erhalten."

WARUM VERSUCHEN SIE NICHT DAS: „Ich habe Ihnen einige … geschickt und wollte persönlich mit Ihnen über einige Aspekte sprechen, die nicht selbsterklärend sind."

Einige Verkäufer fürchten sich davor, ihrem potenziellen Kunden „auf die Nerven zu gehen", wenn sie ihn zu oft anrufen. Wenn Sie dieses Gefühl haben, hat das 2,5 Gründe:

1. **Sie haben keine gute Beziehung hergestellt und nur begrenzten Zugang zu Ihrem potenziellen Kunden.**
2. **Bei Ihren Anschlussgesprächen geht es um den Verkauf (Ihr Geld) und nicht darum, Ihrem Kunden zu helfen (sein Wert).**
2,5 **Sie glauben nicht an Ihr Unternehmen, Ihr Produkt oder schlimmer – an sich selbst.**

Es ist sehr wahrscheinlich, dass Sie Ihrem Kunden auf die Nerven gehen, wenn Sie mehr als dreimal anrufen, ohne dass er zurückruft, wenn Sie dumme oder bedrängende Fragen stellen, wenn er Sie als unaufrichtig wahrnimmt, wenn Sie zu früh oder zu oft Druck ausüben, oder wenn Sie in irgendeiner Weise unhöflich waren.

Es ist sehr wahrscheinlich, dass Sie Ihrem potenziellen Kunden nicht auf die Nerven gehen, wenn Sie etwas Neues, Kreatives oder Witziges zu sagen haben, wenn Sie sich kurz, knapp und präzise ausdrücken, wenn Ihr potenzieller Kunden darüber nachdenkt, welchen Wert Sie ihm bieten können, wenn er ernsthaft an Ihrem Produkt oder Ihrer Dienstleistung interessiert ist und wenn er Sie sympathisch findet.

Wenn Sie in Ihren Nachfassaktionen kreativ, hilfreich und aufrichtig sind, wird er sie nicht als „aufdringlichen Teppichverkäufer" betrachten.

Nachfassen ist ein anderes Wort für Verkauf. Ihre Fähigkeit, effektive Nachfassgespräche zu führen, bestimmt Ihren Verkaufserfolg. Fragen Sie irgendeinen Verkäufer nach dem Geheimnis seines Erfolgs, und er wird Ihnen antworten: „Beharrlichkeit."

Der Faktor heiße Luft.
Wie viel davon steckt in Ihnen?

Die Durchsetzung der eigenen Vorstellungen erfordert Selbstvertrauen. Allerdings ist es ein schmaler Grat zwischen Selbstvertrauen und Großspurigkeit. Und noch schmaler ist der Grat zwischen Selbstvertrauen und Arroganz.

Der schmalste Grat ist allerdings der zwischen Stolz und Egoismus.

Für professionelle Verkäufer gilt, dass es einen Riesenunterschied zwischen *Selbstdarstellung* (dem richtigen Weg) und *leerem Geschwätz* (dem total falschen Weg) gibt.

Erstens erfreuen sich Verkäufer als Berufsgruppe nicht gerade großer Beliebtheit. Sie rangiert zwar noch vor Politikern, Finanzbeamten und (ganz besonders) Anwälten, liegt aber sogar hinter der von Zahnärzten und Hundefängern. Alles, worauf Verkäufer hoffen dürfen, ist, dass es ihnen gelingt, sich einen hervorragenden Ruf zu erarbeiten und über diesen Weg zu Erfolg zu gelangen.

Weil ein potenzieller Kunde immer zuerst den Verkäufer kauft, ist die Reputation der wichtigste (und erfolgskritischste) Aspekt, den ein Verkäufer bieten kann. Wie sieht es mit Ihrer Reputation aus?

Ein negatives Ereignis, eine negative Situation oder Geschichte kann Jahre harter Arbeit zerstören. Fortgesetzte Versäumnisse und Selbsttäuschung (fehlende Erkenntnis des Problems und der Glaube, alles sei in bester Ordnung) machen die Situation nur noch schlimmer.

Heiße Luft im Verkauf kann auf jeder Ebene auftreten; Kunden, Interessenten, Vorgesetzte und Kollegen sind allesamt potenzielle Opfer.

„Na los, Jeffrey", sagen Sie, „jetzt kommen Sie zum Punkt. Geben Sie mir ein paar Beispiele für selbstzerstörerisches Gerede. Was ist heiße Luft im Verkauf?" Entspann dich, heliumgefüllter Ballon, hier kommt's.

Nachfolgend 7,5 Beispiele über heiße Luft (auch wenn ich natürlich sicher bin, dass keines davon auf Sie zutrifft):

1. GWKT. Große Worte, keine Taten. Zu viel Zeit für Gerede über Verkaufsabschlüsse, die Sie erzielen werden, und zu wenig Zeit, um sie zu realisieren.

2. Verfrühte Prahlerei. Bevor der Abschluss unterschrieben, besiegelt und das Geld eingegangen ist.

3. Zu viel Prahlerei. Keiner außer Ihnen will es hören. Wenn Sie es wirklich nötig haben, sich selber zuzuhören, dann nehmen Sie sich auf CD auf und spielen Sie sich die CD immer wieder im Auto vor, bis *Ihnen* davon genauso schlecht wird wie allen anderen.

4. Prahlerei auf Kosten anderer. Schlagen Sie den Wettbewerb, aber trampeln Sie nicht auf ihm herum. Eine Variante besteht darin, jemanden lächerlich zu machen, indem Sie darüber prahlen, wie Sie eine Person ausgetrickst oder ausgenutzt haben.

5. Jemanden zum Sündenbock machen, um seine eigene Haut zu retten. Auch bekannt als Unfähigkeit, Verantwortung zu übernehmen. Der Versuch, anderen die Schuld für Ihre Versäumnisse und Fehler zuzuschieben, wird für jeden Zuhörer offensichtlich und fällt auf den Feigling selbst zurück (Sie).

6. Fakten übertreiben. Jedes Jahr wird der Fisch, den Sie an der Angel hatten, größer. Bleiben Sie innerhalb der Parameter, von denen Sie wissen, dass sie wahr sind – oder machen Sie sie ein wenig kleiner. Understatement sieht in jedem Fall immer besser aus.

7. Unaufrichtige Ausdrücke verwenden. *Ehrlich, wahrhaftig, ganz offen* und *„ich meine, dass"* sind Ausdrücke, die befremdlich wirken.

7,5. Den Abschluss zerreden. Sie müssen wissen, wann Sie den Mund zumachen und nach Hause gehen müssen. Jeder der zuvor erwähnten Punkte nach Abschluss eines Verkaufs, aber vor Rückkehr ins Büro wird den soeben erzielten Abschluss in Gefahr bringen. Das nennt man „Zurückkaufen", und das passiert oft. Die Daumenregel im Verkauf lautet: „Weniger ist mehr."

Heiße Luft hat interessante negative Nebeneffekte:

- **Sie verschwendet die Zeit aller Beteiligten.**
- **Sie ist die denkbar unproduktivste und negativste Form der Zeitverwendung.**
- **Sie lässt Sie als Narr dastehen.**
- **Sie reduziert Ihren Respektfaktor um 100.**
- **Sie veranlasst andere dazu, hinter Ihrem Rücken über Sie zu reden.**
- **Sie verhindert, dass Sie sich verbessern.**
- **Sie riskieren, entlassen zu werden.**

Wer will das? Niemand! Aber diese Nebeneffekte werden mit Menschen assoziiert, die schwere Symptome der Aufgeblasenheit aufweisen.

Woher wissen Sie, ob Sie dazu gehören? Woher wissen Sie, ob Sie heiße Luft ausblasen? Nun, niemand ist *ganz* ohne Schuld.

Es ist schwer, nicht zu prahlen, wenn Sie gerade einen Riesenauftrag hereingeholt und ihn dem Wettbewerb vor der Nase weggeschnappt haben.

Die Regeln sind einfach:

- **Sagen Sie niemals irgendetwas hinter dem Rücken einer Person, das Sie dieser nicht auch ins Gesicht sagen würden.**
- **Sagen Sie niemals irgendetwas über eine Person, von dem Sie nicht möchten, dass man es auch über Sie sagt.**
- **Sagen Sie nichts, woran Sie sich unbedingt erinnern müssen. (An Lügen müssen Sie sich erinnern, oder Sie werden über die Wahrheit stolpern.)**
- **Sagen Sie niemals etwas, das Sie nicht auch vor Ihrer Mutter sagen würden oder könnten.**

GEHEIMNIS: Dämpfen Sie Ihre Bemerkungen durch Bescheidenheit.

Ihre Herausforderung besteht darin, immer die guten Seiten Ihrer Äußerungen hervorzubringen. Ihre Herausforderung besteht darin, genügend Selbstdisziplin aufzubringen, um heiße Luft zu unterdrücken. Ihre Herausforderung besteht darin, sich selbst zu steuern oder sich selbst zu zerstören. Wenn Sie Ihre Vorstellungen durchsetzen wollen, lassen Sie die heiße Luft aus Ihrer Sprache.

Unentgeltliche Vorträge – Ihr Vermächtnis an Sie selbst

Wollen Sie 50 neue Verkaufskontakte pro Woche?

SO GEHT'S: Halten Sie einen unentgeltlichen Vortrag vor einer Bürgervereinigung.

Viele Verkäufer versuchen verzweifelt, mit Broschüren, Direct-Mail, Kaltakquise und Networking auf sich aufmerksam zu machen. Teure Frustration.

Der beste Weg, um sich selber zu vermarkten, besteht darin, sich selber einen Markt zu verschaffen.

Setzen Sie sich Ihren potenziellen Kunden aus.

Meine Empfehlung: unentgeltliche Vorträge.

Sprechen Sie ohne Honorar. Unentgeltliche Vorträge zahlen sich aus. In klingender Münze. Und unentgeltlichen Vorträgen winkt ein Lohn. Ein großer Lohn.

BITTE BEACHTEN: Ich sagte „Vortrag", nicht „Verkaufspräsentation."

Wenn Sie bei einer Bürgervereinigung eine 15- bis 20-minütige Rede halten, bringt Ihnen das folgende Vorteile:

- **Sie haben die Gelegenheit zu einem Live-Auftritt, bei dem Sie SICH SELBST verkaufen, nicht Ihr Produkt oder Ihre Dienstleistung.**

- Sie haben die Gelegenheit zu einem Auftritt – unmittelbar vor den Entscheidungsträgern.
- Sie knüpfen (und pflegen) ein Netzwerk.
- Sie zeigen (oder erneuern) Ihre Präsenz.
- Sie helfen der Gemeinde.
- Sie trainieren Ihre rhetorischen Fähigkeiten, Ihre Präsentationsfähigkeiten und Ihre Fähigkeiten als Geschichtenerzähler.
- Sie haben die Gelegenheit, Neues auszuprobieren.
- Sie werden neue Kunden anlocken (alle Personen in Leitungsfunktionen).
- Wenn Sie ein Newcomer in Ihrem Geschäft sind, haben Sie die Gelegenheit, sich hochzuarbeiten.
- Sie können Ihrem Publikum wertvolles Wissen vermitteln.
- Sie erhalten die Chance, durch Ihre Worte einen wirkungsvollen Eindruck zu hinterlassen.
- Sie bekommen eine kostenlose Mahlzeit.

Einigen der hier genannten „Belohnungen" könnte man den Vorspann „Wenn Sie richtig gut sind" voranstellen, um die wahre Bedeutung hervorzuheben und die größte Wirkung zu hinterlassen, aber ich denke, die Botschaft ist klar geworden.

Wollen Sie die Strategie für das beste Vorgehen erfahren?

Hier die 6,5 Erfolgstaktiken für unentgeltliche Vorträge:

1. Halten Sie keinen Verkaufsvortrag, aber sprechen Sie über Ihr Thema. Wenn Sie Alarmanlagen verkaufen, sprechen Sie über ein sicheres Zuhause. Wenn Sie Kopierer verkaufen, sprechen Sie über Image und Büroproduktivität. Alles klar?

2. Wählen Sie das beste Publikum aus. Es gibt Gruppen, und es gibt Gruppen. Wählen Sie die besten aus (hochkarätig, mit möglichst vielen einflussreichen Persönlichkeiten).

3. Teilen Sie Unterlagen aus. Selbst wenn es nur wenige Seiten sind, begleitende Unterlagen tragen dazu bei, dass Ihre Zuhörer Ihrem Vortrag leichter folgen können. Das erspart Ihnen, dass Sie sich an alles erinnern müssen und bietet jedem Zuhörer die Chance, mit Ihnen in Kontakt zu treten. WARNUNG: Teilen Sie die Unterlagen *in dem Moment* aus, in dem Sie über das dort erwähnte Thema sprechen, *aber niemals vor Beginn Ihres Vortrags*. Wenn Sie sie vorher austeilen, fangen Ihre Zuhörer an, darin zu lesen, während Sie noch über etwas ganz anderes sprechen, und dann verlieren Sie (noch schlimmer) die Kontrolle über die Zuhörer, und die Wirkung Ihrer Botschaft verpufft.

4. Nehmen Sie den Vortrag auf Video auf. Anschließend können Sie sich das Video zu Hause ansehen und überprüfen, ob Sie *wirklich* so gut sind, wie Sie *glauben*.

5. Bitten Sie Ihr Publikum um eine Bewertung. Holen Sie positive Aussagen ein – was hat ihnen am besten gefallen – sowie einen aufrichtigen Kommentar.

6. Bieten Sie Wert, generieren Sie Verkaufskontakte. Bieten Sie am Ende Ihres Vortrags eine kostenlose „Dreingabe" als Gegenleistung für die Visitenkarten Ihrer Zuhörer. Die Visitenkarten, die Sie erhalten, sind *Verkaufskontakte*.

6,5. Mischen Sie sich nach Ihrem Vortrag unter die Leute. Eine gute Gelegenheit, um herauszufinden, welche Wirkung Sie hinterlassen haben und welche Kontakte Ihnen am meisten versprechen.

GEHEIMNIS: Versuchen Sie nicht, bei dieser Gelegenheit Ihre Produkte zu verkaufen. Treffen Sie eine Verabredung zum Geschäftsessen, und verzichten Sie bis dahin auf ein Verkaufsgespräch und Lobgesänge auf Ihr Unternehmen.

Um Ihnen etwas Persönliches mitzuteilen: Auf diese Weise habe ich begonnen, Vorträge gegen Honorar zu halten. Als Ergebnis meiner wöchentlichen Zeitungskolumne riefen mich die Rotary- und Kiwani-Clubs mehrerer Orte an und baten mich um ein Referat. Ich beschloss, *nicht* über Verkauf (mein Fachgebiet) zu sprechen. Stattdessen sprach ich über Kinder (mein Lieblingsthema) und betitelte meinen Vortrag: „Was wir von unseren Kindern gelernt haben."

Ich wählte sieben Fähigkeiten meiner Kinder aus, die mir geholfen hatten, sie besser zu erziehen (zum Beispiel Fantasie, Beharrlichkeit, blindes Vertrauen, Enthusiasmus), und erzählte über jede Fähigkeit eine kleine Geschichte. In zwanzig Minuten brachte ich meine Zuhörer zum Lachen, zum Weinen, zum Nachdenken und zum Dazulernen.

Ich teilte dazu Unterlagen aus und bot meinen Zuhörern im Austausch gegen ihre Visitenkarten außerdem die sieben besten Regeln für Eltern, die ich gelernt hatte. Am Ende eines jeden Vortrags hatte ich *stets* mindestens 50 Visitenkarten und ein Angebot über einen *vergüteten* Vortrag von jemandem, der mich fragte: „Wären Sie bereit, einen Vortrag vor meinen Mitarbeitern zu halten?"

Zu meiner (und Ihrer) Belohnung für einen 20-minütigen unentgeltlichen Vortrag gehörten ein Live-Publikum und eine „Verkaufspräsentation" vor 100 Entscheidungsträgern, eine eindrucksvolle Wirkung auf die Zuhörer, neue Bekannte, eine Selbstlernlektion, eine Übungseinheit, eine freie Mahlzeit, ein Schreibgerät (das übliche kleine Präsent für einen unentgeltlichen Vortrag), ein Dankzertifikat der Gruppe, 50 interessierte Verkaufskontakte und ein Angebot über einen vergüteten Vortrag.

BONUSTIPP: Jede Gruppe oder Vereinigung zahlt Ihnen bereitwillig 100 Dollar, wenn Sie sie bitten, den Scheck in Ihrem und deren Namen zugunsten Ihrer bevorzugten karitativen Organisation auszustellen.

Interessiert? Kontaktieren Sie irgendeine Bürgervereinigung in Ihrer Stadt. Sie bringen sich um für einen guten Vortrag. Jede Woche suchen sie nach einem *guten* Vortragsredner. Und das ist ohne jeden Zweifel besser als Kaltakquise.

„Sie schütteln meine Hand jetzt schon seit sechs Minuten, haben in einem einzigen Satz 19 Mal meinen Namen genannt und jede meiner Gesten wiederholt, inklusive dem Naserubbeln, das ich gerade gemacht habe, um Sie zu testen. Ich gehe jede Wette ein, dass Sie mir irgendetwas verkaufen wollen."

Egal, wer Sie sind oder an welchem Punkt Ihrer Verkaufskarriere Sie sich befinden, unentgeltliche Vorträge können dem Lernprozess und Ihrem Einkommen immer förderlich sein. Unentgeltliche Vorträge sind nicht nur ein Recht, sondern eine Chance. Nutzen Sie Ihre.

– Jeffrey Gitomer

28,5 Elemente der großartigsten Verkaufspräsentation der Welt

Verkaufspräsentationen sind nie gleich, selbst wenn Sie dasselbe Produkt verkaufen und für dasselbe Unternehmen arbeiten.

Eine Präsentation zu halten ist eine delikate Angelegenheit, selbst wenn Sie Schwerlastzüge verkaufen. Eine erinnerungswürdige Präsentation zu halten ist komplex, selbst wenn Sie Büroklammern verkaufen. Ihr gesamter Verkauf stützt sich auf Worte, Einstellungen und Wahrnehmungen.

Jeder Mensch pflegt einen anderen Verkaufs*stil*, aber die *inhaltlichen Elemente und der Prozess* einer Präsentation müssen immer dieselben sein. Sie beherrschen die Elemente und passen Sie an Ihren Stil an. Es kommt darauf an, *was Sie sagen*, in Verbindung damit, *wie Sie es sagen* (Ihr Stil).

Hier die 28,5 strategischen Elemente dessen, „was Sie sagen":

1. Kommen Sie ohne Umschweife zum Zweck Ihres Besuchs. „Mein heutiges Ziel ist ..." Sagen Sie es so knapp und präzise wie möglich. Ihr potenzieller Kunde möchte wissen, warum Sie ihn aufsuchen. Je früher Sie ihm das mitteilen, desto klarer (und entspannter) wird die Atmosphäre sein. Nachdem Sie den Zweck Ihres Besuchs klar gemacht haben, können Sie zu persönlichen Themen und zur Herstellung einer Beziehung übergehen.

2. Sagen Sie, wie Sie Ihrem potenziellen Kunden helfen können, anstatt ihm einen Haufen langweiliger Fakten vorzusetzen, die erklären, warum Ihr Produkt für ihn das Richtige ist. Erzählen Sie ihm, wie Ihr Produkt oder Ihre Dienstleistung Probleme löst und in seinem Arbeitskontext funktioniert. Keinen Menschen interessiert, was Sie tun – es sei denn, er hätte einen Nutzen davon. Beginnen Sie mit der Haltung, „Ich bin hier, um Ihnen zu helfen" und nicht „Ich bin hier, um Ihnen etwas zu verkaufen."

3. Präsentieren Sie sich als glücklichster, positivster, enthusiastischster Mensch auf dieser Erde. Glücklichsein und Enthusiasmus sind ansteckend (und attraktiv). Eine glücklich-zufriedene Atmosphäre ist eine Kaufatmosphäre. Sorgen Sie dafür, dass Ihr Wunsch zu helfen dabei am deutlichsten hervortritt.

4. Beginnen Sie mit Freundlichkeit und sympathischem Auftreten. Beginnen Sie nicht zu verkaufen, bevor Sie eine herzliche Atmosphäre hergestellt haben. Stellen Sie eine Beziehung her, oder Sie werden nichts verkaufen. Wenn Ihr Gesprächspartner Sie nicht mag oder Ihnen nicht vertraut, wird er nichts kaufen, egal worum es sich handelt. Entlocken Sie ihm persönliche Informationen. Nutzen Sie sie als Bezugspunkte. Verknüpfen Sie sie mit diesem Interessenten und seinem Auftrag.

5. (Selbst-)Vertrauen und Glaubwürdigkeit. Menschen wollen mit jemandem zu tun haben, der seinen Worten Taten folgen lässt. Verdienen Sie sich dieses Vertrauen.

6. Verwenden Sie eindrucksvolle Sätze und die in Ihrer Branche üblichen Schlagwörter. Die richtige Sprache gibt Ihrem potenziellen Kunden das Vertrauen, dass Sie etwas von Ihrem Produkt und seinem Geschäft verstehen. Kraftvolle und eindrucksvolle Sätze vermitteln die Botschaft, dass er mit einem Kauf kein Risiko eingeht.

7. Erzählen Sie ihm, „worin wir uns unterscheiden" und nicht „wer wir sind". Wenn ein potenzieller Kunde einen Kopierer kauft, glaubt er, dass alle Kopierer gleich sind. Vermeiden Sie den Ausdruck Wettbewerb. Ersetzen Sie diesen Ausdruck durch „Branchenstandard." Seien Sie kreativ, nicht abwertend.

8. Drücken Sie alles, was Sie sagen, aus der Perspektive Ihres Kunden aus, anstatt ich oder wir zu sagen. Die Sprachsyntax bestimmt den Ton des Gesprächs. Sorgen Sie dafür, dass der Ton, den Sie anschlagen, die Perspektive der einzig wichtigen Person – Ihres potenziellen Kunden – wiedergibt.

9. Stellen Sie intelligente Fragen. Bedürfnisse ermitteln, wichtige Informationen einholen, Interesse wecken, Vertrauen gewinnen, die finanzielle Kaufkraft des Interessenten ermitteln, Glaubwürdigkeit herstellen und den Verkauf abschließen, sind alles Dinge, die aus Fragen erwachsen. Integrale Fragen müssen vorausgeplant und vorab aufgeschrieben werden, damit sie ihren maximalen Nutzen entfalten. Noch Fragen?

10. Ermitteln Sie persönliche Ziele und Geschäftsziele. Durch die Identifizierung dieser beiden Zielarten stärken Sie Ihre Fähigkeit zur Herstellung einer echten Beziehung.

11. Finden Sie jede gute oder schlechte vergangene Erfahrung mit Ihrem Produkt oder Ihrer Dienstleistung heraus. Fragen, die hierauf abzielen, bringen die wahren Bedürfnisse, Wünsche und Sorgen ans Tageslicht, bevor Sie mit Ihrer eigentlichen Präsentation beginnen.

12. F okussieren Sie auf den Wert, den Sie bieten und darauf, wie dieser Wert die Bedürfnisse Ihres potenziellen Kunden erfüllt. Vergessen Sie den Preis – Ihr potenzieller Kunde wird ihn schon fünf Minuten, nachdem er unterschrieben hat, vergessen haben. Konzentrieren Sie sich auf den Wert und den produktiven Nutzen, den Ihr Produkt bietet.

13. Konzentrieren Sie sich in Ihrer Präsentation auf den Gewinn und die Produktivität Ihres Interessenten und darauf, wie er Ihr Produkt zur Erzielung dieser beiden Aspekte verwenden wird. Wenn Sie über diese Aspekte sprechen, wird das Ihrem potenziellen Kunden das Gefühl vermitteln, er sei Besitzer und Herr über das Produkt. Sprechen Sie über diese Aspekte so, als habe er das Produkt bereits gekauft.

14. Gehen Sie zügig durch Ihre Präsentation, aber stellen Sie sicher, dass Sie verstanden werden. Setzen Sie nicht voraus, dass Ihr potenzieller Kunde weiß, was Sie *hätten* sagen sollen. Er hört das alles zum ersten Mal (auch wenn es *Ihre* 1.000. Präsentation ist). Sprechen Sie über jeden grundlegenden Aspekt Ihrer Präsentation. Aber denken Sie gleichzeitig daran, dass unsere Gesellschaft immer ungeduldiger wird.

15. Machen Sie sich während des gesamten Gesprächs Notizen.
Ich bin immer wieder erstaunt, wie wenige Verkäufer sich Notizen machen. Sie signalisieren damit: „Ich interessiere mich für Sie, und was Sie zu sagen haben, ist wichtig." Außerdem haben Sie damit gute Stichworte für Nachfassaktionen und eine exakte Leistungserbringung.

16. Involvieren Sie Ihren potenziellen Kunden. Testen Sie ihn. Lassen Sie ihn die Produktdemonstration übernehmen. Je eher Sie ihn involvieren, desto leichter ist es, sein Vertrauen und Verständnis zu gewinnen. Lassen Sie sich von ihm dabei helfen, das Produkt für die Demonstration vorzubereiten. Wenn Sie ihn das Produkt anfassen lassen, wird ihm das das Gefühl geben, er besäße es bereits.

17. Nehmen Sie es wieder an sich. Behalten Sie zu jedem Zeitpunkt die Kontrolle. Wenn Sie Ihrem potenziellen Kunden Muster oder Broschüren aushändigen, fahren Sie mit Ihrer Präsentation nicht fort, bis er sie angefasst, betrachtet oder gelesen hat. Anschließend bitten Sie ihn um Rückgabe. Es ist Ihre Präsentation – behalten Sie sie zu jedem Zeitpunkt unter Kontrolle. Sorgen Sie dafür, dass Ihr potenzieller Kunde Ihnen Aufmerksamkeit schenkt und nicht Ihrem Muster oder Ihren Unterlagen. **HINWEIS:** Wenn er Sie darum bittet, das Muster oder Ihre Unterlagen noch einmal sehen zu dürfen, dann ist das ein großes, möglicherweise sogar ein abschließendes Kaufsignal.

18. Verwenden Sie zum richtigen Zeitpunkt Testimonials – zufriedene Kunden, die Ihre Produktbehauptungen bezeugen. Sie sind der einzige Beweis, den Sie haben. Verwenden Sie sie, um Zweifel, Einwände, Stagnation oder spezifische Probleme zu beseitigen, die einem Kauf entgegenstehen.

19. Stellen Sie Fragen, die auf eine Zustimmung abzielen. Das wiederholte Einholen von Zustimmung im Verlauf Ihrer Präsentation führt zu einer abschließenden Zustimmung am Ende. Fragen wie „Stimmen Sie mir zu?" oder „Verstehen Sie, wie Ihnen das nützt?" oder kürzere Varianten wie „nicht wahr?" erzeugen eine zustimmende Haltung.

20. Taxieren Sie den Wert Ihres potenziellen Kunden. Sie wollen mit Kunden Geschäfte machen, die Ihnen mit größter Wahrscheinlichkeit helfen, zu wachsen, zu blühen und zu gedeihen. 95 Prozent der Kopfschmerzen und Beschwerden stammen von 5 Prozent Ihrer Kunden. Erziehen Sie sie oder trennen Sie sich von ihnen. **WARNHINWEIS:** Sie könnten an den Falschen verkaufen und damit Ihre eigenen Probleme schaffen.

21. Lernen Sie, Kaufsignale zu erkennen. Üblicherweise äußern sich diese in einer Frage über den Preis, die Lieferung, bestimmte Merkmale oder die Produktivität. Schließen Sie den Verkauf ab, wenn Ihr potenzieller Kunde eine solche Frage stellt.

22. Räumen Sie Einwände aus dem Weg, noch bevor Sie sie hören. Es ist mir egal, welches Produkt oder welche Dienstleistung Sie verkaufen. Es gibt nur zehn wichtige Einwände, die ein Interessent hervorbringen kann, und die haben Sie alle schon einmal gehört. Wachen Sie auf – antizipieren Sie diese Einwände und behandeln Sie sie in Ihrer Präsentation, bevor Ihr potenzieller Kunde eine Chance hat, sie hervorzubringen.

23. Verkaufen Sie eine zügige Bezahlung des von Ihnen gelieferten Produkts beziehungsweise der von Ihnen erbrachten Dienstleistung. Machen Sie keinen halben Verkauf. Ich kann nicht glauben, wie viele Verkäufer davor zurückschrecken, Geld zu verlangen.

24. Schließen Sie den Verkauf nicht ab – setzen Sie ihn als abgeschlossen voraus. Setzen Sie ihn von dem Moment an als abgeschlossen voraus, in dem Sie durch die Tür treten. Und machen Sie anschließend die logischen Schritte zur Vervollständigung der Transaktion. Der Verkauf ist eine Selbstverständlichkeit, wenn ein Bedarf besteht und die Präsentation exzellent ist.

25. Schließen Sie den Verkauf vollständig ab. Behandeln Sie alle Details und bestätigen Sie den nächsten Schritt. Stellen Sie fest, was Sie brauchen, um loslegen zu können. Vereinbaren Sie einen Termin, und dann legen Sie los. Behandeln Sie auch die kleinsten Details zwischen dem Zeitpunkt, da Ihr potenzieller Kunde unterschreibt und dem Punkt, zu dem das Produkt in seinen Besitz übergeht.

26. Wagen Sie etwas. Aus Spaß versuche ich (ohne zu fragen), meinen Kaufinteressenten dazu zu bringen, aufzustehen und herumzulaufen (ich laufe zuerst herum). Dann setze ich mich auf *seinen* Stuhl an *seinen* Schreibtisch. Ich setze eine überraschte Mine auf, meistens mit einem Lachen oder Lächeln, und habe noch nie eine negative Reaktion geerntet. Das können Sie natürlich nicht mit jedem Kunden machen – aber ich kann Ihnen nur raten, das irgendwann einmal auszuprobieren.

27. Geben Sie Ihrem potenziellen Kunden das Gefühl, dass Sie einfach unglaublich sind. Erzeugen Sie durch eine exzellente Präsentation, profundes Produktwissen und die Fähigkeit, die Bedürfnisse Ihrer Kunden zu erfüllen, eine unwiderstehliche Anziehungskraft. Geben Sie Ihrem potenziellen Kunden das Gefühl, dass es der größte Fehler seines Lebens wäre, wenn er woanders kaufen würde.

28. Streben Sie mit jedem Kunden eine langfristige Beziehung an. Tun Sie das, eliminieren Sie automatisch jede Habgier oder kurzsichtige Denkweise aus Ihrem Verkaufsprozess. Stattdessen werden Sie stets daran denken, was „das Beste für diesen Kunden" ist, und nicht, was „das Beste für mich" ist. Wenn Sie langfristig denken, erzielen Sie große Verkaufserfolge.

28,5. Seien Sie witzig und haben Sie Spaß am Verkaufsgespräch. Die meisten Menschen haben keinen Spaß an ihrer Arbeit. Wenn Sie Spaß haben und witzig sind, wirken Sie attraktiv und haben einen Vorteil. „Bringen Sie mich zum Lachen, und Sie bringen mich dazu, bei Ihnen zu kaufen", ist ein Credo, auf das Sie bauen können.

Diese 28,5 Elemente können im Verlauf der Verkaufspräsentation nur als Ganzes betrachtet werden. Wenn Sie eine herausragende Präsentation halten wollen, müssen Sie jedes der genannten Elemente beherrschen.

Eine einfache Präsentation zu halten, ist eine komplexe Angelegenheit. Das ist weit mehr, als Ihrem potenziellen Kunden einen Haufen Fakten über Ihr Produkt beziehungsweise Ihre Dienstleistung vorzusetzen. Produktwissen ist der leichteste Teil des Verkaufsprozesses – eine Voraussetzung, bevor Sie einen Kunden überhaupt anrufen.

> Ein Verkauf findet immer statt. Entweder Sie verkaufen Ihrem potenziellen Kunden ein „Ja", oder er verkauft Ihnen sein „Nein".

Wollen Sie einen Tipp, der den gesamten Verkaufsprozess zusammenhält? Betrachten Sie jedes Element aus der Perspektive Ihres potenziellen Kunden – sie ist die einzig wichtige Sichtweise.

WARNHINWEIS: Manche Verkäufer verkaufen nur aus Geldgier. Das wittern Kunden sofort. Solche Verkäufer gelten als „Drücker."

Verkaufen Sie nicht aus Geldgier. Verkaufen Sie, weil Sie leidenschaftlich daran glauben. Verkaufen Sie, weil Sie es lieben.

Kostenloser GITBit: ... Wenn Sie nicht daran glauben und den Verkauf nicht lieben, dann kann das daran liegen, dass Sie Ihre Gründe noch nicht herausgefunden haben. Um sie herauszufinden, besuchen Sie die Website www.gitomer.com, registrieren Sie sich bei Ihrem ersten Besuch als Nutzer und geben Sie MY WHY in die GitBit-Box ein.

ELEMENT 8

Die schriftliche Methode zur Durchsetzung Ihrer Vorstellungen

„Ich habe eine Schreibblockade."

„Eine Schreibblockade? Oder sind Sie einfach nur ein Holzkopf?"

Wodurch wird Schreiben überzeugend?

Schreiben gewinnt in dem Moment Überzeugungskraft, wenn andere bereit sind, als Folge der Lektüre zu handeln oder über den Text zu sprechen.

Interessanterweise schreiben mir die einen: „Ich stimme Ihnen hundertprozentig zu", während andere schreiben, sie wären zu 100 Prozent anderer Meinung. Derselbe Artikel, aber mit einer völlig unterschiedlichen Wirkung. Wenn Sie einen Text verfassen, ist Ihr Ziel, den Nerv der Leser zu treffen, aber nicht zu polarisieren.

Ich schrieb einmal einen sehr umstrittenen Beitrag über Wettbewerbsklauseln, auf den ich buchstäblich aus dem Nichts Hunderte von Reaktionen erhielt. Ich persönlich bin gegen solche Wettbewerbsverbote. 100 Prozent der Verkäufer, die auf diesen Artikel antworteten, sind es auch. Deren Chefs sehen das jedoch anders. Sie suchten nach einer Möglichkeit, ihren Leuten goldene Fesseln anzulegen, ihre eigenen Interessen zu sichern und ihre Paranoia auszuleben, dass ein Verkäufer zum Wettbewerb wechseln und die Kunden seines bisherigen Unternehmens mitnehmen könnte.

Das ist übrigens keine Form der Überredung. Jemanden dazu zu nötigen, eine Wettbewerbsklausel zu unterschreiben, ist keine Überredung, sondern Einschüchterung.

Überredung entsteht daraus, dass man eine Position bezieht und diese verteidigt, sie durch Beweise belegt und Fragen zu ihr stellt, um den Leser oder Zuhörer zum Nachdenken und Handeln zu bewegen.

Überzeugende Texte sind zudem kurz und bündig. Sie kommen ohne Umschweife zum Kern der Sache. Sie geben mehr Aufschluss darüber, inwieweit eine andere Person betroffen ist, als sie über Sie als Verfasser aussagen. Sie können Beispiele anführen, aber diese müssen bezwingend sein. Und Sie müssen den Leser zu einem zustimmenden Kopfnicken bewegen.

Jede Woche schreibe ich eine Kolumne über Verkauf, Kundenservice, Kundenloyalität oder persönliche Entwicklung. Am Ende einer jeden Kolumne steht immer ein Hinweis auf meine Website, auf der der Leser kostenlos zusätzliche Informationen erhalten kann. Täglich rufen Tausende von Menschen diese Website auf, weil sie glauben, dass sie dort zusätzlichen Nutzen erhalten – und sie haben Recht.

Kostenloser GITBit: ... Besuchen Sie gleich jetzt die Website www.gitomer.com, registrieren Sie sich beim ersten Besuch als Nutzer und geben Sie NONCOMPETE in die GitBit-Box ein. Dort haben Sie Zugang zu dem umstrittenen Artikel, den ich über Wettbewerbsklauseln geschrieben habe.

Texte mit Überzeugungskraft sind solche, die ein Leser kopiert und weiterreicht, mit dem Zusatz „Hey, das musst du einfach lesen" als E-Mail-Anhang an jemanden versendet oder die den Leser im Anschluss an die Lektüre zum Handeln veranlassen.

Sehen Sie sich mal die üblichen Broschüren an. Jedes Unternehmen hat eine Firmen- beziehungsweise Imagebroschüre. Sie wird als „Marketinginstrument" und gelegentlich als „Unternehmenspublikation" bezeichnet. Ich bezeichne sie als „Geldverschwendung."

Haben Sie jemals eine überzeugende Broschüre gelesen? Eine wertbasierte Broschüre? Wenn ja, dann ist das ein Fall unter 10.000. Das Magazin Harvard Management Review würde darüber einen Artikel mit dem Titel „Das neue Gesicht der Unternehmenspublikation" veröffentlichen.

HIER EIN TIPP: Betrachten Sie alle Texte, die Sie verfassen, auf ihre Wirkung hin und nicht als simple Information.

FRAGEN SIE SICH: Wird dieser Text irgendjemanden zum Handeln veranlassen? Wenn nicht, dann müssen Sie ihn so lange überarbeiten, bis er das tut. Selbst etwas so Simples wie ein Selbsttest oder das Einholen der Meinung Dritter wird Sätze entstehen lassen, die zum Handeln aufrufen und eine größere Chance zur Überredung oder Reaktion der Leser bieten.

TESTEN SIE SICH SELBST: Lesen Sie alle Ihre Texte. Würden Sie sie aufheben, wenn Sie sie per Post erhielten, oder würden Sie sie wegwerfen? Wenn Sie sie irgendwo gedruckt sehen würden, würden Sie sie lesen und daraufhin aktiv werden, oder würden Sie über den Text hinweggehen?

Was auch immer Sie tun würden, es ist sehr wahrscheinlich, dass die Menschen, die Sie beeinflussen wollen, genau dasselbe damit machen.

Ich liebe es, wenn Unternehmen in ihren Broschüren damit prahlen, dass diese „auf Umweltpapier gedruckt" sind. *Hallo, das Papier wurde aus Ihrer letzten bescheuerten Broschüre recycelt, die keiner gelesen hat und alle weggeworfen haben!*

DENKEN SIE, „ICH WILL MEINEN LESERN WERT BIETEN": Texten Sie eine Broschüre oder einen anderen Text, der von den fünf Methoden handelt, mit denen Ihre Kunden mit Ihrem Produkt mehr produzieren, mehr Gewinn erzielen oder von dem sie auf andere Weise profitieren können. Das ist eine Publikation, die Ihre Kunden mit Sicherheit für immer aufheben.

LEGEN SIE SICH EINEN ROTSTIFT ZU: Besorgen Sie sich einen Rotstift und nehmen Sie sich alle Ihre Unternehmenspublikationen vor. Kreisen Sie während der Lektüre Ihrer eigenen Texte alle Informationen ein, von denen Sie glauben, dass Ihre Kunden sie aufheben oder anderen zeigen wollen. Es ist sehr gut möglich, dass Sie nicht ein einziges Mal die Kappe von Ihrem Rotstift ziehen müssen.

Zwar ist das eine schmerzhafte Übung, aber sie bietet Ihnen eine reale Einschätzung darüber, wie Ihre Kunden Ihre Publikationen wahrscheinlich beurteilen.

Ob Ihre Texte kraftvoll und überzeugend sind, liegt allein an Ihnen!

Im Verlauf der letzten 15 Jahren habe ich mich zu einem erfolgreichen Autor entwickelt. Viele von Ihnen möchten dasselbe erreichen – oder zumindest ihre Fähigkeiten zum Verfassen von schriftlichen Texten *verbessern*.

Ich erhalte jeden Tag Anfragen und Bitten um Hilfe. Die Menschen fragen mich: „Wie kann ich lernen, so wie Sie zu schreiben?" Oder sie schreiben: „Wenn ich versuche, etwas zu Papier zu bringen, dann fällt mir nichts ein."

Hier meine Erkenntnisse über das Verfassen schriftlicher Texte, die Ihnen vielleicht dabei helfen, ein besserer Autor zu werden:

ICH SCHREIBE, WIE ICH DENKE. Die Gedanken, die ich aufschreibe, sind eine Verlängerung dessen, was ich gesagt haben würde, wenn ich laut gesprochen hätte. Deshalb lese ich auch laut, wenn ich meine Texte überarbeite. Ich möchte, dass meine Texte so klingen, als würde ich sprechen. Ich erhalte oft E-Mails, in denen mir Menschen mitteilen: „Als ich Ihren Text gelesen habe, hatte ich das Gefühl, Sie würden mit mir sprechen" oder „Ich hatte das Gefühl, Sie würden direkt vor mir stehen." Das liegt daran, dass ich „schreibe, wie ich spreche".

ICH SCHREIBE ÜBERALL UND ZU JEDER ZEIT. Alles, was ich brauche, ist eine Idee oder ein Gedanke. Ich schreibe, wenn mir eine Idee kommt. Wenn ich keinen Computer dabeihabe, nehme ich jeden Zettel oder eine Serviette, die mir in die Hände kommen. Das Ziel ist, die Idee beziehungsweise den Gedanken in dem Moment festzuhalten, in dem er Ihnen einfällt. Später werden Sie sich *nie* mehr daran erinnern.

WENN ICH EINE IDEE HABE, DEHNE ICH SIE. Ich schreibe alles, was mir in den Sinn kommt. Ich entleere einfach mein Gehirn, bis alles draußen ist. Es kann sein, dass ich anschließend einige Dinge überarbeite, aber ich schreibe und diktiere in Eile, denn Ideen sind flüchtig, und Gedanken sind noch flüchtiger. Wenn ich eine Sache in den 15 Jahren, in denen ich jetzt aktiv schreibe, gelernt habe, dann die, dass sich Gedanken verflüchtigen, wenn man sie nicht sofort aufschreibt.

ICH SCHREIBE AUS MEINER EIGENEN ERFAHRUNG. Ich brauche keine Forschungsstatistiken, um ein Konzept oder einen Gedanken zu stützen. Entweder ich habe das, worüber ich schreibe, selber erlebt, oder ich glaube aufgrund meiner persönlichen Erfahrung, dass es stimmt. Statistiken lügen, ich nicht.

WENN ICH EINE KOLUMNE ODER EIN KAPITEL SCHREIBE, BLEIBE ICH BEI EINEM THEMA ODER GEDANKEN. So entsteht eine eingehende Betrachtung des gewählten Themas, die mich zwingt, über den Tellerrand zu blicken und neue Ideen für abgedroschene Methoden und konventionelle Denkweisen zu generieren.

ICH SCHREIBE MIT AUTORITÄT. Ich schreibe emphatisch und aussagekräftig. Wenn Sie meine Gedanken lesen, wissen Sie genau, was ich sage und wie ich darüber empfinde.

ICH „NENNE DAS" NICHT IRGENDWIE. Wenn es sich bei irgendeinem Ausdruck um eine gebräuchliche Bezeichnung handelt, behaupte ich nicht, ich hätte den Begriff erfunden. Ich lese eine Geschichte oder ein Kapitel in einem Buch eines fremden Autors, und dieser schreibt: „Und das nenne ich Kundenservice." *Ach ja, Schlaumeier, und wie nennen es wohl alle anderen?* Es ist eine Million Mal eindrucksvoller und nachdrücklicher, wenn Sie schreiben: „Das wird als Kundenservice bezeichnet."

ICH ACHTE AUF STRUKTUR UND TEXTFLUSS. Ich möchte, dass ein Gedanke in den nächsten fließt. Wo das nicht möglich ist, erstelle (strukturiere) ich eine Liste an Dingen. Die Liste fließt von oben nach unten.

ICH VERLASSE MICH AUF DAS RECHTSCHREIBPROGRAMM UND SCHREIBE WEITER, BIS ICH DEN GEDANKEN ZU ENDE GEBRACHT HABE. Ich unterbreche meinen Schreibfluss nie, um etwas zu korrigieren, bis der Gedanke, an dem ich gerade arbeite, zu Ende gebracht ist. Wenn Sie einhalten, um ein Wort richtig zu buchstabieren, dann gehen Gedankenfluss und gedankliche Dynamik verloren. Ihre Rechtschreibung können Sie immer überprüfen, aber Sie können einen bestimmten Gedanken oder Gedankenfluss nicht immer festhalten.

ICH SCHREIBE IN DER MÄNNLICHEN FORM, WEIL ICH EIN MANN BIN. Selbstverständlich will ich niemanden beleidigen. Ich versuche, Argumente anzubringen, neue Gedanken zu äußern und anderen zum Erfolg zu verhelfen. Diese Beratung kennt keine geschlechtsspezifische Unterscheidung. Lesen Sie *zwischen* den Pronomen, und hängen Sie sich nicht an ihnen auf.

MEINE SCHRIFTLICHE STIMME IST KEIN PC. Wenn ich Zeit mit „ihr beziehungsweise sein" verschwende, hat sich in der Zwischenzeit mein Gedanke verflüchtigt. Ich will niemanden beleidigen. Ich schreibe nur in meiner Stimme. So bin ich aufgewachsen. Das ist dieselbe Stimme wie die aller Bücher, die ich gelesen habe, und die ich weiter lese. **BEACHTEN SIE:** Es geht um eine *Botschaft* und einen *Gedanken*; um eine *Idee* oder eine *Strategie* – nicht um ein Geschlecht.

ICH VERSCHMELZE NICHT MIT DEM LESER. Ich distanziere mich über Pronomen. Ich schreibe: „Sie", „Ihr", „sie", „er", „sie" oder „die". Ich schreibe NIE „wir" oder „unser". Ich spreche zum Leser, aber ich stelle mich neben den Gedanken – NICHT: „Wir alle wissen ...", sondern: „Sie wissen"; NICHT: „Unsere Gedanken sagen uns ...", sondern: „Ihre Gedanken sagen Ihnen ..."

ICH ÜBERARBEITE DEN TEXT, NACHDEM ICH IHN FERTIGGESTELLT HABE. ALLERDINGS WARTE ICH DAMIT BIS ZUM NÄCHSTEN TAG.

Das Redigieren eines Textes sagt Ihnen, was Sie in dem Moment, in dem Sie die Worte zu Papier gebracht haben, gedacht haben. Die Überarbeitung des Textes am darauf folgenden Tag zeigt: „Was habe ich mir dabei gedacht, als ich das geschrieben habe?" Bei der Textredaktion lese ich laut. Und ich bitte andere, den Text zu redigieren, wenn ich meine, dass ich fertig bin. Das macht meine Texte doppelt so kraftvoll und eindrucksvoll.

Kostenloser GITBit: ... Sie suchen jemanden, der Ihren Text aufpolieren und zu einem brillanten Schriftstück machen soll? Um eine Liste über die 20,5 Dinge zu erhalten, auf die Sie bei einem Redakteur beziehungsweise Lektor achten sollten, und die von meiner persönlichen Lektorin, Jessica McDougall erstellt wurde, gehen Sie auf die Website www.gitomer.com, registrieren Sie sich bei Ihrem ersten Besuch als Nutzer und geben Sie EDITOR in die GitBit-Box ein.

ICH BEENDE MEINE LISTEN MIT ,5 ANSTATT MIT EINER RUNDEN ZAHL AUS 2,5 GRÜNDEN:

1. Die Aussage mit der Nummerierung „,5", die am Ende jeder Liste steht, ist das Haftmaterial, das die übrigen Aussagen verbindet.

2. Dieser Abschluss veranlasst mich, eingehender über das Thema nachzudenken. Denken Sie an eine höhere Ebene. In diesem letzten Punkt kann ich Philosophie, Humor, Herausforderung und einen letzten Aufruf zum Handeln unterbringen.

2,5 Es differenziert meine Listen von allen anderen. Das ist mein Markenzeichen und unterscheidet mich von allen anderen Listenerstellern (außer den wenigen, die mich nachahmen).

ICH GEHE SEHR SPARSAM MIT DER ERSTEN PERSON PLURAL UM. Wenn Sie mit meinen Texten vertraut sind, wissen Sie, dass ich die erste Person Plural („wir, unser") vermeide wie die Pest. Sie entzieht jedem Text Kraft und Wirkung, weil sie den Wert des Verfassers schmälert. Wenn Sie schreiben, sind Sie die Autorität – und nicht der Leser. Distanzieren Sie sich von ihm.

ICH SCHREIBE FÜR MEIN LEBEN GERN. Ich glaube, dass diese Leidenschaft für das Schreiben dem Gedankenfluss mehr Tiefe und Konsistenz verleiht. Ich glaube, die Leidenschaft für das Schreiben bewirkt, dass ich „das langfristige Vermächtnis" und „die kurzfristige Wirkung" berücksichtige. Ich glaube, meine Leidenschaft für das Schreiben macht mich zu einem gewandteren Autor. Der Inhalt gewinnt an Relevanz, und in jedem Satz wird der Stolz der Autorenschaft deutlich.

Schreiben macht reich.

– Jeffrey Gitomer

Weniger über mich, mehr über Ihre Schreibfertigkeiten

Hier die 5,5 Dinge, die Sie tun können, um Ihre Schreibfertigkeiten zu verbessern:

1. **Setzen Sie sich hin und schreiben Sie etwas.** Jeden Tag. Nehmen Sie sich irgendein Thema vor oder ein Erlebnis, das Sie hatten und das Sie klären oder loswerden wollen. Schreiben klärt die Gedanken und schafft Freiraum für neue. Wenn Sie die Idee zu Papier gebracht haben, belastet sie nicht weiter Ihr Gehirn. Dasselbe gilt für Gedanken und Geschichten. Durch das Aufschreiben bleiben die Dinge in Erinnerung; das Aufschreiben klärt die Idee selbst und Ihren Kopf.

2. **Halten Sie Ihre besten Gedanken und Ideen in dem Moment fest, in dem sie Ihnen einfallen.** Wenn Sie eine Idee haben, führt ein Gedanke zum nächsten. Die Gedanken wechseln sich schnell ab und verfliegen genauso schnell, wie sie gekommen sind. Je schneller Sie sie festhalten, desto vollständiger wird die Idee. Übertragen Sie Ihre Notizen später immer in den Computer, damit Sie sie immer wieder lesen, überarbeiten, weiterführen und bewahren können.

3. **Schreiben Sie sie so auf, wie Sie sie auch aussprechen würden.** Sprechen Sie Ihre Gedanken in den Computer, wenn Sie sie eingeben. Das hilft Ihnen, Ihre Gedanken klarer und vollständiger zu erfassen. Viele Menschen ringen um die richtige Ausdrucksweise. Wenn Sie schreiben, wie Sie sprechen, werden Ihnen nie „die Worte fehlen". Und Sie werden nie unter einer so genannten „Schreibblockade" leiden.

4. **Achten Sie darauf, dass Ihre Gedanken einfach, leicht verständlich und vollständig sind.** Achten Sie beim Schreiben darauf, dass Sie alles festhalten, was in Ihrem Kopf vorgeht. Wenn Sie den Text überarbeiten oder erneut lesen, dann überarbeiten Sie ihn so, dass er selbsterklärend wird.

5. **Fangen Sie gleich mit der Überarbeitung an, und machen Sie zahlreiche Durchläufe.** Sobald Sie fertig sind mit dem Schreiben, lesen Sie den gesamten Text noch einmal durch. Nach der ersten Grobüberarbeitung lassen Sie den Text mindestens einen Tag liegen. Nach der zweiten Überarbeitung geben Sie ihn einem Freund und bitten Sie ihn, Ihnen ehrliches und aufrichtiges Feedback zu geben.

5,5. **Sie schreiben für den Leser UND sich selbst.** Wenn Sie Ihren Text redigieren, dann lesen Sie ihn so, als hätten Sie ihn für sich selbst geschrieben. Wenn er Ihnen gefällt, dann wird er wahrscheinlich auch anderen gefallen. Wenn die Textüberarbeitung durch Dritte abgeschlossen ist, bitten Sie ungefähr ein Dutzend Unbeteiligte, ihren Text zu lesen. Deren Anmerkungen bestimmen Ihr Schicksal, oder zumindest das Schicksal Ihres Manuskripts. Das Geheimnis ist dass Sie in einem lebendigen Gesprächsstil schreiben, damit Ihre Leser bei der Lektüre das Gefühl haben, als sprächen Sie leibhaftig zu ihnen.

Kostenloser GIT Bit: ... Wollen Sie 2,5 weitere Schreibvorschläge, die Ihnen helfen werden, Ihre Schreibfertigkeiten zu verbessern? Gehen Sie auf die Website www.gitomer.com, registrieren Sie sich bei Ihrem ersten Besuch als Nutzer und geben Sie WRITE BETTER in die GitBox ein.

Nur ein Angebot ... oder ein überzeugendes Angebot?

Warum wird aus den meisten Angeboten kein Auftrag?

Der traurige Grund, warum es den meisten Unternehmen nicht gelingt, ihre Angebote in einen Auftrag zu verwandeln, ist, dass sie nicht überzeugend sind. Sie sind einfach eine Zusammenstellung von Informationen, es fehlt ihnen an Kontur und an überzeugenden Gründen zur Erteilung eines Auftrags. Kurz gesagt, sie sind langweilig, sie sind Loser – und Sie behaupten, der „Preis" sei schuld.

Die Fähigkeit, ein Angebot *überzeugend zu formulieren,* ist ein integraler Bestandteil der Durchsetzung Ihres Willens. Manche Menschen tun sich schwer, die richtigen Worte zu finden. Nicht, weil sie nicht schreiben können, sondern weil sie die Regeln des Schreibens nicht beherrschen.

Hier die 15,5 Regeln und Richtlinien für das Verfassen von schriftlichen Texten, mit denen Sie aus Ihren Angeboten überzeugende Angebote machen können:

1. **Setzen Sie eine Überschrift über den Text, in der Sie Ihr Ziel deutlich machen.**
2. **Schreiben Sie kurze Absätze.** Zur Betonung.
3. **Redigieren, ~~redigieren, redigieren~~.** Streichen Sie jedes Wort, das für die Kommunikation des Zwecks beziehungsweise Ziels des Textes nicht unerlässlich ist. Vermeiden Sie ausschweifendes Wortgeklingel. Die Hälfte aller Adjektive, Präpositionalsätze und die meisten der Adverbien sind überflüssig. Hinterfragen Sie Ihre Kommasetzung – ist der komplette Satz wirklich nötig? Meistens nicht.

4. **Halten Sie das Angebot kurz.** Je kürzer, desto größer die Chance, dass es jemand liest und versteht.
5. • **Verwenden Sie Aufzählungspunkte, um die Monotonie zu unterbrechen.** Aufzählungspunkte erleichtern die bildliche Erfassung des Textes.
   • **Verwenden Sie Aufzählungspunkte, um das Angebot kurz und knackig erscheinen zu lassen (oder zu machen).** Reduzierung auf das Wesentliche.
   • **Verwenden Sie Aufzählungspunkte, um die wichtigsten Punkte hervorzuheben.** Rücken Sie sie ein, damit sie eine größere Wirkung erzielen.
6. **Gewagte Aussagen,** um Aufmerksamkeit zu erzielen. Aber nur, wenn es absolut notwendig ist. Einleitende Worte beziehungsweise solche mit Wiedererkennungswert, die für den Leser (Käufer) von Nutzen sind, sind oft die beste Wahl.
7. Schreiben Sie Ihren Namen nicht fett. **Schreiben Sie fett, was für den Leser wichtig ist.** Ihr Name gehört zu den unwichtigsten Informationen in Ihrem Angebot.
8. **Streichen Sie (fast) alle Adverbien.**
9. **Verzichten Sie auf Superlative.**
10. **Vermeiden Sie den Ausdruck „einzigartig".**
11. **Sorgen Sie dafür, dass Ihr Angebot nicht schablonenhaft klingt.**
12. **Achten Sie auf korrekte Rechtschreibung.** Ein Mann schrieb einmal das Wort „Kartoffel" falsch und musste dafür teuer bezahlen, vielleicht mit seiner Karriere. Glücklicherweise hatte er keinen besonders wichtigen Job.
13. **Fügen Sie ein Extra – etwas Unerwartetes – hinzu.** Legen Sie einen Artikel bei oder etwas, das den Leser betrifft. Etwas, das ihm das Gefühl gibt, dass Sie sich überdurchschnittlich engagieren, um einen guten Service zu erbringen, zu kommunizieren und Ihrem Leser einen Wert zu bieten.

14. Legen Sie ein erstklassiges (kurzes und knackiges) Anschreiben bei.
- Sorgen Sie dafür, dass der Empfänger nicht schon beim Lesen Ihres Anschreibens zu viel kriegt. Formulieren Sie ein leicht verdauliches Anschreiben.
- Beschränken Sie sich auf eine Seite.
- Schreiben Sie nicht: „Ich bedanke mich für die Gelegenheit, ...". Schreiben Sie stattdessen: „Wir sind stolz, Ihnen .... anbieten zu können."
- Verkaufen Sie noch nicht Ihr Produkt – verkaufen Sie den nächsten Schritt, und bauen Sie Vertrauen und eine Beziehung auf. Machen Sie aus dem Schreiben kein Verkaufsgespräch, sondern nutzen Sie es als Verkaufsinstrument.
- Schreiben Sie nie: „... möchte(n) ich/wir uns noch einmal bedanken." Es ist nicht nötig, zweimal zu danken. Einmal reicht. Zweimal ist kriecherisch.
- Bitten Sie bis zu einem bestimmten Datum um Antwort.
- Schließen Sie das Anschreiben mit einer professionellen und freundlichen Grußformel: „Vielen Dank für Ihre Zeit und Ihre Aufmerksamkeit. Ich werde mich am Dienstag bei Ihnen melden."

15. Lesen Sie sich das gesamte Angebot zur Überarbeitung laut vor. Das ist DAS WIRKSAMSTE Instrument der Textüberarbeitung, das ich kenne.

15,5. Das Angebot muss sich lesen wie ein Buch. Es muss Ihre Geschichte erzählen und verkaufen. Es muss für Sie sprechen, ohne dass Sie physisch anwesend sind. Es muss siegen.

WICHTIGER HINWEIS: Die meisten Menschen lesen das Angebot nicht komplett durch. Sie achten nur auf den Preis. Sehen Sie zu, dass Sie die überzeugendsten Inhalte auf der Seite unterbringen, auf der der Preis steht.

Ich habe von meinem Vater und meinem Bruder gelernt, wie man gute Texte schreibt

RICHTLINIEN (keine Regeln) ZUR ERSTELLUNG ÜBERZEUGENDER TEXTE:

- Lernen Sie, gute Texte zu schreiben, indem Sie gute Autoren lesen.
- Lernen Sie, gute Texte zu schreiben, indem Sie immer wieder üben.
- Lernen Sie, gute Texte zu schreiben, indem Sie am Tag darauf den Text redigieren.
- Lernen Sie, gute Texte zu schreiben, indem Sie eine Struktur schaffen.
- Lernen Sie, gute Texte zu schreiben, indem Sie begreifen, dass faktengespickte strukturierte Inhalte kraftvoll rüberkommen.
- Verzichten Sie auf Adverbien und Präpositionalsätze.
- Wie ist Ihr Ton? Meiner ist geradeheraus, knapp und bündig. Er ist bodenständig und humorvoll.
- Mit welcher Stimme sprechen Sie? Meine ist bestimmt und entschieden.
- Pronomen strahlen Autorität aus. Erste Person, zweite Person, dritte Person.
- Er beziehungsweise sie? Nein.
- Nutzen Sie das Privileg des Schreibers – schreiben Sie umgangssprachlich, nicht grammatisch korrekt. Verwenden Sie eine inkorrekte Syntax – runter, rüber, mach's weg.

- Grammatik – manchmal okay. Für mich lautet die Devise: Schreiben, wie einem der Schnabel gewachsen ist.
- Recherchen versus Wissen, Beweise versus Meinungen. Ich verwende Wissen und Meinungen.
- Nutzen Sie eine kraftvolle Bildsprache.
- Kurze Absätze.
- Setzen Sie immer wieder dieselben Schlagwörter oder Signale ein. **GROSSES GEHEIMNIS** oder **DENKEN SIE ÜBER FOLGENDES NACH …**
- Arbeiten Sie mit **Fettschrift** und GROSSBUCHSTABEN, um bestimmte Argumente oder Aussagen hervorzuheben.
- Fesseln Sie mich von Anfang an.
- Beginnen Sie mit einer Frage oder einer kurzen Feststellung.
- Bringen Sie mich dazu, dass ich lächle, Ihnen danke oder im Anschluss aktiv werde. Beenden Sie Ihren Text mit einem eindrucksvollen Finale.
- Bieten Sie mir „Fleisch" in der Mitte. Ganz viel Fleisch.
- **GROSSES GEHEIMNIS:** Lesen Sie laut, wenn Sie Ihren Text überarbeiten. Dann zeigt sich, ob er gut ist – NICHT, wie er sich liest.

FRAGEN SIE SICH:

- Macht der Text einen Eindruck, hat er Wirkung?
- Hat er Substanz?
- Hat er eine Aussage?
- Fesselt er?
- Ist er überzeugend?
- Wird der Leser ihn bis zu Ende lesen wollen?
- Wird der Leser als Folge der Lektüre nachdenken?
- Wird der Leser nach der Lektüre handeln?

ELEMENT 9

BEHARRLICHKEIT

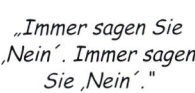

„Hey, bin ich Ihnen nicht schon im letzten Kapitel begegnet?"

„Immer sagen Sie ‚Nein'. Immer sagen Sie ‚Nein'."

Sehen Sie sich nur Ihr Kind und Ihre Katze an, und Sie wissen, was Beharrlichkeit ist

Die meisten Menschen, die andere überzeugen wollen, geben zu früh auf. Sie versuchen zu überreden; sie versuchen, Ihren Willen durchzusetzen. ABER aus irgendeinem Grund ist ihr Gesprächspartner nicht überzeugt, und schon geben sie auf. Meistens nach dem ersten oder zweiten Versuch.

UND NUN TRITT AUF: die Beharrlichkeit.

Wenn Überredung mit Beharrlichkeit kombiniert wird, steigt Ihre Erfolgsquote in direktem Verhältnis zur Qualität, der Wirkung und dem Wert Ihrer Botschaft.

Im Verkauf wird Beharrlichkeit als Nachfassen bezeichnet. Sie versenden kein Angebot und warten dann in einem Lehnstuhl darauf, dass das Telefon klingelt. Sie rufen den Adressaten Ihres Angebots an und versuchen, den Verkaufsprozess aktiv voranzutreiben. Das Problem mit Beharrlichkeit beziehungsweise Nachfassaktionen ist, dass die meisten Menschen aus Geldgier dranbleiben und nicht, weil sie ihrem Kunden helfen wollen.

Beharrlichkeit lässt sich am besten anhand der Beobachtung von Kindern oder Katzen beschreiben. Weder Kinder noch Katzen geben jemals auf. Ein Kind wird alles tun, vom Betteln bis zum hysterischen Wutanfall, um seinen Willen durchzusetzen. Ein Kind nimmt körperliche Strafen in Kauf, um zu bekommen, was es will. Wenn Sie darüber nachdenken, ist das der einzige Weg, den Kinder kennen. Sie tun, was ihnen gerade einfällt, es sei denn, ihre Eltern unternähmen etwas, um ihr Verhalten zu ändern.

Ich erinnere mich daran, wie ich mit meiner fünf Jahre alten Tochter Rebecca durch eine Einkaufspassage schlenderte. Sie sah in ein Schaufenster und fragte: „Dad, kann ich dieses T-Shirt haben?" „Heute nicht", antwortete ich, und wir gingen weiter. Nach ungefähr 100 Metern fragte ich Rebecca: „Wie kommt's, dass du keinen Wutanfall bekommen hast wie bei deiner Mutter?" Rebecca antwortete ganz offen: „Das funktioniert bei dir nicht, Dad." Das war ein Schock, aber auch eine Lektion.

Und nun denken Sie an Ihre Katze. Wenn Ihre Katze hungrig ist, gibt sie niemals auf. Sie wird auf den Tisch springen, Leute anfallen, geräuschvoll miauen und absichtlich Gegenstände umwerfen. Kurzum, sie wird alles tun, damit Sie sie füttern.

Zunächst beginnt sie, leise zu maunzen, sich an Ihrem Bein zu reiben, und vielleicht läuft sie zu ihrem Futternapf, wenn Sie aufstehen. Wenn Sie sie ignorieren, wird sich ihre Beharrlichkeit bis Alarmstufe rot steigern. Aus dem Maunzen wird ein klagendes Miauen, ihre Sprünge werden geräuschvoller, Gegenstände fallen herunter, sie wird ihre Krallen in Ihr Fleisch graben und jede ihr zur Verfügung stehende Methode anwenden, um gefüttert zu werden. Und bei all dem gibt sie nur einen einzigen Laut von sich: „Miau."

Denken Sie jetzt mal über Ihre Erfolgsquote im Vergleich zur Erfolgsquote Ihres Kindes oder Ihrer Katze nach, und Sie erkennen sofort, dass sich Beharrlichkeit auszahlt. Die Frage ist: *Wie können Sie Ihre Beharrlichkeit so verfeinern, dass andere Menschen sie als Wertangebot und nicht als lästige Aufdringlichkeit betrachten?* Das Geheimnis liegt darin, dass Sie Ihrem Gegenüber das Gefühl geben müssen, dass Ihre Beharrlichkeit einen guten Grund hat. Wenn Ihnen das gelingt, wird Ihr Gegenüber sich über Ihre Beharrlichkeit freuen, anstatt einen großen Bogen um Sie zu machen.

Die Katze bekommt hundertprozentig immer ihren Willen. Wenn Sie lernen wollen, wie Sie stets Ihren Willen durchsetzen, schaffen Sie sich eine Katze an.

Sobald Sie die Kunst der Überredung beherrschen, müssen Sie lernen, beharrlich zu sein, wenn Sie wirklich Ihren Willen durchsetzen wollen.

— *Jeff Gitomer*

Warum sind die einen beharrlich und die anderen geben auf?

Warum geben viele Menschen zu früh auf? Große Frage.
Warum geben Sie zu früh auf? Noch größere Frage.
Haben Sie *Denke nach und werde reich* gelesen? Allergrößte Frage.

Denke nach und werde reich (vor mehr als 70 Jahren von Napoleon Hill geschrieben) widmet der Beharrlichkeit ein ganzes Kapitel, das echte Erkenntnisse über die Eigenschaften bietet, die manche Menschen dazu veranlasst, dranzubleiben, bis sie ihr Ziel erreicht haben, und andere, kaum dass sie begonnen haben oder aber kurz vor dem Zieleinlauf, zum Aufgeben bringt.

Anstatt mir anzumaßen, den großartigen Napoleon Hill in meinen eigenen Worten zu zitieren, will ich Ihnen lieber die *genauen* Worte des Meisters liefern. Nachfolgend finden Sie in Kursivdruck einige originalgetreue Auszüge (und Erkenntnisse) über Beharrlichkeit aus seinem vor 70 Jahren erschienenen Werk. Hier der beste Teil daraus, der heute nach wie vor gültig ist:

Beharrlichkeit ist eine mentale Haltung, daher lässt sie sich kultivieren. Wie jede mentale Haltung basiert Beharrlichkeit auf festen Gründen, darunter die folgenden:

a. **Feste Absicht.** *Zu wissen, was man will, ist der erste und vielleicht wichtigste Schritt zur Entwicklung von Beharrlich-*

keit. Ein starkes Motiv treibt einen Menschen zur Überwindung vieler Schwierigkeiten an.

b. **Intensiver Wunsch.** *Es ist vergleichsweise leicht, Beharrlichkeit zu entwickeln und zu bewahren, wenn man ein Objekt intensiver Begierde verfolgt.*

c. **Selbstvertrauen.** *Der Glaube an die eigenen Fähigkeiten zur Ausführung eines Plans ermutigt einen Menschen, den Plan auch gegen Widerstände umzusetzen.*

d. **Feste Pläne.** *Strukturierte Pläne, auch wenn sie inhaltlich noch so schwach und völlig unpraktikabel sind, spornen zur Beharrlichkeit an.*

e. **Genaues Wissen.** *Das Wissen, dass die eigenen Pläne solide sind, weil sie auf Erfahrung oder Beobachtung beruhen, spornt zu Beharrlichkeit an. „Vermuten" statt „Wissen" ist der Beharrlichkeit abträglich.*

f. **Kooperation.** *Mitgefühl, Verständnis und harmonische Kooperation mit anderen tragen zur Entwicklung von Beharrlichkeit bei.*

g. **Willenskraft.** *Die Angewohnheit, seine Gedanken auf die Erstellung von Plänen zu konzentrieren, mit denen man eine feste Absicht verfolgt, führt zu Beharrlichkeit.*

h. **Gewohnheit.** *Beharrlichkeit ist das direkte Ergebnis von Gewohnheit. Durch ständige Wiederholung absorbiert das Gehirn die Übung als Teil der täglichen Routine. Die Angst – der größte aller Feinde – lässt sich effektiv durch eine bewusste selbst auferlegte Wiederholung mutiger Handlungen überwinden. Jeder, der schon mal als Soldat in einem Krieg gekämpft hat, weiß das.*

WIE MAN BEHARRLICHKEIT ENTWICKELT:

Es gibt vier einfache Schritte, die die Beharrlichkeit zur Gewohnheit werden lassen. Sie erfordern weder eine ausgeprägte Intelligenz noch eine besonders gute Ausbildung und nur einen geringen Aufwand an Zeit und Mühe.

Die notwendigen Schritte sind folgende:

1. *Eine feste Absicht, gestützt von dem brennenden Wunsch, sie zu erfüllen.*
2. *Ein fester Plan, der sich in kontinuierlicher Handlung ausdrückt.*
3. *Eine Wahrnehmung, die sich fest jedem negativen und entmutigenden Einfluss verschließt, inklusive negativer Vor- und Ratschläge von Freunden, Verwandten und Bekannten.*
4. *Eine wohlwollende Allianz mit einer oder mehreren Personen, die einen dazu ermutigen, seinen Plan und seine Absichten zu verfolgen.*

Diese vier Schritte sind für Erfolg in allen Lebenslagen unerlässlich. Der ganze Zweck der Prinzipien dieser Philosophie (denke nach und werde reich) *besteht darin, einen Menschen dazu zu befähigen, sich diese vier Schritte zur Gewohnheit zu machen.*

Das Geheimnis der Beharrlichkeit ist keine Antwort; es ist eine Erkenntnis. Und wenn Sie die vorhergehenden Textauszüge gelesen, aber nicht verstanden haben, dann werden Sie von jemandem ausgestochen werden, der sie kapiert hat.

Die Philosophie der Beharrlichkeit von Napoleon Hill ist stark und weich zugleich. Das Einzige, was bei dieser Strategie fehlt, ist, „was" man beharrlich verfolgen soll. Ich will Ihnen diese Frage mit einem einzigen Wort beantworten – *Wert*.

„Um Beharrlichkeit zu entwickeln, brauchen Sie Willenskraft und einen brennenden Wunsch."

„Mit anderen Worten, wie dringend wünschen Sie sich eine Sache?
Und was sind Sie dafür zu tun bereit? Wenn die Antwort nicht ‚alles' ist, dann werden Sie irgendwann unterwegs aufgeben."

– Napoleon Hill

Nachfassen ist ein anderes Wort für Beharrlichkeit

Nachfassen scheint ein geschmeidigerer Ausdruck zu sein. Wenn ein Verkaufsleiter mit einem seiner Verkäufer spricht, wird er nie fragen: „Sind Sie bei dem Bigelow-Kunden auch beharrlich?" Stattdessen wird er fragen: „Haben Sie bei Bigelow schon nachgefasst?"

Für Sie ist das dasselbe. Bei allem was Sie tun, sind Sie in irgendeiner Form beharrlich. Dabei kann es sich um so simple Dinge handeln, wie darauf zu bestehen, dass Ihre Kinder ihre Zimmer aufräumen oder ihre Schulaufgaben machen. Es kann sich darum handeln, Ihren Hypothekenvermittler oder Bankbetreuer fünfmal anzurufen, um nachzufragen, ob Ihr Kreditantrag bewilligt wurde. Es kann sich darum handeln, festzustellen, ob Ihr Auto repariert wurde oder die Versicherung Ihren Schaden beglichen hat.

Beharrlichkeit ist zudem ein wichtiger Teil geschäftlicher Vorgänge. Der Abschluss eines Projekts, eine pünktliche Auftragsauslieferung, die Vereinbarung einer Besprechung oder das Einholen von Genehmigungen verschiedener Parteien.

Am bekanntesten wird Ihnen die Beharrlichkeit eines Verkäufers sein, der Sie wiederholt angerufen hat, um einen Verkauf zum Abschluss zu bringen. Vielleicht haben Sie ihn als aufdringlich bezeichnet. Aber der Hauptgrund für seine Beharrlichkeit ist Ihre Angst oder Verlegenheit, ihm eine klare Absage zu erteilen. Er lässt Ihnen Notizen zukommen, ruft Sie an und hinterlässt Nachrichten – und Sie weigern sich, ihm zu antworten. Also weigert er sich aufzugeben.

Oder Sie waren der Verkäufer, der all diese vergeblichen Anrufe getätigt und all diese vergeblichen Notizen versendet hat.

Jetzt, da ich Beharrlichkeit so definiert habe, dass dieser Begriff für alle klar geworden ist, will ich Ihnen eine Strategie nennen, die dazu beitragen wird, dass sich Beharrlichkeit für Sie auszahlt. Das Geheimnis liegt in Ihrer Fähigkeit, bei einer Nachfassaktion etwas *Werthaltiges* sagen zu können.

Die meisten Menschen sind nur beharrlich, um andere zu überreden oder ihren Willen zu bekommen; kurzum, um etwas zu verkaufen. Die Nuance liegt hier darin, bei Ihrem Gesprächspartner Interesse zu wecken und ihm einen Wert zu bieten. Während Sie denken: „Was habe ich davon?", denkt Ihr Gegenüber genau dasselbe. Ihre Aufgabe als Überreder besteht darin, den Menschen, denen Sie etwas verkaufen oder die sie überreden wollen, einen Wert zu bieten.

Lassen Sie mich das näher definieren. Viele Verkäufer fassen nach, indem sie ihren potenziellen Kunden anrufen und sagen: „Ich wollte mich erkundigen, ob Sie das Angebot erhalten haben, das ich Ihnen vor zwei Tagen gesendet habe und ob Sie irgendwelche Fragen dazu haben." GROSSE LÜGE. Es ist Ihnen völlig egal, ob er eine Frage hat; sie wollen nur sein Geld. Warum rufen Sie nicht an und sagen: „Ich rufe Sie wegen des Geldes an. Haben Sie es schon bereitgelegt?" Das wäre viel näher an der Wahrheit.

ODER SCHLIMMER: Sie rufen an, haben den Anrufbeantworter dran und legen auf, ohne eine Nachricht zu hinterlassen. Warum?

1. Sie haben **NICHTS WERTHALTIGES** zu sagen.
2. Sie haben **KEINE BEZIEHUNG** aufgebaut.
2,5. Sie sind ein Feigling und fürchten sich vor einer Abfuhr.

HIER DIE BOTSCHAFT: Bleiben Sie beharrlich, aber bieten Sie Wert, und Sie werden Ihren Willen bekommen. *Botschaft angekommen?*

> **Je mehr Wert Sie bieten, desto öfter werden Sie bekommen, was Sie wollen.**
>
> *– Jeffrey Gitomer*

ELEMENT 9.5

ELOQUENZ

"Hey, wie findest du meinen Pulli?"

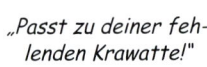

"Passt zu deiner fehlenden Krawatte!"

Ist es Eloquenz oder Exzellenz?

Es ist keine Eloquenz.

Ich glaube nicht, dass mich irgendjemand als „eloquent" bezeichnen würde, wenn er mich als Redner beschreiben müsste. Aber es gibt andere Ausdrücke, die eine Aura der Eloquenz entstehen lassen und die jeden Redner charakterisieren müssen: Voller Selbstvertrauen. Entspannt. Witzig. Packend. Energiegeladen. Bodenständig. Auf den Punkt.

Ich bin in New Jersey aufgewachsen, aber ich habe keinen unverkennbaren regionalen Akzent, und zwar hauptsächlich dank meiner Mutter, die in Brooklyn aufwuchs und sich größte Mühe gab, den dortigen Akzent loszuwerden und akzentfrei zu sprechen. Und von den Familienmitgliedern wurde dasselbe erwartet. Das war schlecht für meinen Bruder und mich, weil die Menschen von der Nordostküste zu „Sprechfaulheit" neigen und die Angewohnheit haben, Wortendungen zu verschlucken.

Jedes Mal, wenn ich zu Hause „wanna" sagte, erhob meine Mutter ihre Stimme und korrigierte mich: „Want to! ‚Want' endet auf einem t und nicht auf einem n!" Ich hab's gehasst. Genau genommen war das meine erste Lektion als Redner, meine erste Lektion in Eloquenz.

Schnelldurchlauf, 45 Jahre später. Jedes Mal, wenn ich ein Podium betrete, bin ich freudig angespannt und fühle mich privilegiert, weil ich eine informationsgespickte Botschaft weitergeben darf. Für die Vermittlung dieser Botschaft müssen zahlreiche Vorbereitungen getroffen werden, sowohl physische als auch mentale.

Abgesehen davon, dass Ihr Vortrag publikumsorientiert sein muss, muss jeder Vortrag auch Folgendes sein:

- kurz und bündig, auf den Punkt, zackig
- witzig, ohne sarkastisch zu sein
- humorvoll, und zwar auf eigene, nicht auf anderer Leute Kosten
- voller Geschichten, keine Witze
- zuhörerbasiert und nicht egobasiert
- mit persönlichem Augenkontakt, nicht mit Blick auf das Publikum
- offen vom Podium aus und nicht hinter dem Podium versteckt gehalten werden
- in bequemer Kleidung und in einer angenehmen Umgebung gehalten werden
- durch PowerPoint und nicht durch Zettel ergänzt
- mit einer maßgeschneiderten, personalisierten Botschaft versehen
- zeitlich gut geplant und mit häufigen Lacherfolgen gespickt
- argumentationsgestützt statt ich-basiert
- verinnerlicht, nicht auswendig gelernt

Das ist Eloquenz.

Um eloquent zu sein, müssen Sie erst eine Geschichte erzählen und DANN eine Feststellung treffen, nicht umgekehrt. Und machen Sie nicht den alten Fehler, dass Sie Ihren Zuhörern „jetzt mal eine Geschichte erzählen". Erzählen Sie sie einfach.

Fesseln Sie Ihr Publikum von Anfang an, indem Sie Worte und Herausforderungen formulieren, die zum Nachdenken anregen.

Wecken Sie das Interesse Ihrer Zuhörer gleich zu Beginn mit einem unbeschwerten Lachen und Selbstironie.

Vermitteln Sie Ihren Zuhörern, dass Sie sie verstehen und wissen, was sie tun. Geben Sie ihnen Antworten, die sie unmittelbar anwenden können. Achten Sie darauf, dass Ihre Worte so authentisch sind wie Ihr Wunsch, ihnen zu helfen. Äußern Sie eine Idee, auf die Ihre Zuhörer noch nie gekommen sind. Äußern Sie sie mit Stil. Das ist Eloquenz.

Die meisten Zuhörer sitzen mit verschränkten Armen da und warten darauf, dass Sie zeigen, wer Sie sind. Die meisten Redner schwafeln zum Auftakt herum, danken dem Publikum ad nauseam und verlieren damit gleich zu Beginn die Aufmerksamkeit des Publikums.

Die größte Dummheit, die ein Redner machen kann, ist, auf die Bühne zu treten und zu sagen: „Guten Morgen allerseits." Daraufhin erntet er vom Publikum ein dünnes „Guten Morgen." Der Redner wiederholt dann mit lauter Stimme: „ICH SAGTE, GUTEN MORGEN." Das Publikum schreit zurück: „GUTEN MORGEN!" Und der Redner antwortet: „So ist es schon besser." Alle Zuhörer hassen ihn daraufhin für mindestens zehn Minuten, während sie versuchen, sich wieder zu beruhigen. Das ist keine Eloquenz, das ist Arroganz.

Ich habe in den letzten 15 Jahren mehr als 1.800 Vorträge gehalten. Ich habe nie mit „Guten Morgen" begonnen. Ich beginne mit einer Geschichte oder einer Frage und fessele meine Zuhörer in den ersten zehn Sekunden, indem ich eine Feststellung treffe und sie zum Lachen bringe. Vielleicht halten Sie das nicht für Eloquenz, aber ich kann Ihnen versprechen, dass, wenn Sie im feinsten Zwirn vor Ihren Zuhörern auf- und abmarschieren und die „Guten-Morgen"-Nummer bringen, man Sie als Elefant im Porzellanladen ansehen wird und Sie die folgenden zehn Minuten alle Mühe haben werden, das wieder auszubügeln.

Eloquenz entsteht aus der Kombination Ihrer klaren, deutlichen Ausdruckweise und Ihrem persönlichen Auftreten – Ihrem Gang, Ihrem stolzen Schritt, Ihrem „Gehabe" und dem Selbstvertrauen, das Sie beim Sprechen ausstrahlen. Dabei geht es nicht um Gesten oder ein Lächeln, vielmehr ist es eine Frage des Gesamteindrucks und des persönlichen Stils.

Das Gegenteil von Eloquenz sind Selbstmitleid, Sarkasmus, Zynismus, Witze auf Kosten anderer, Unaufrichtigkeit, Missbrauch der ersten Person Plural und andere publikumsmanipulierenden Akte wie der Satz: „Wissen Sie, Sally hat wirklich hart für den heutigen Vortrag gearbeitet. Lassen Sie uns ihr alle eine Runde Applaus spendieren."

Eloquenz ergibt sich daraus, dass Sie Ihre Materie beherrschen und dass Sie Ihren Auftritt auf dem Podium beherrschen. Absolute Kontrolle. Kein Firlefanz.

Keine großen Worte – aber Worte, die zählen.
Worte, die eine Bedeutung haben.
Worte, die Gefühle ausdrücken.
Und Worte, die kraftvoll genug sind, um sich dem Publikum einzuprägen und eine Wirkung auszulösen.

Wenn Zuhörer sich sagen: „Ich hab's. Ich glaube, ich kann's, und ich bin bereit, es zu versuchen", dann ist die Botschaft angekommen. Und sie hat Wirkung gezeigt. Das ist Eloquenz.

Der Grund, warum die meisten Botschaften bei ihren Empfängern nicht ankommen, ist, dass die meisten Vortragsredner (Sie natürlich nicht) damit beschäftigt sind, „ihre Geschichte" an den Mann zu bringen und keine Ahnung haben, ob und welche Wirkung „ihre Geschichte" auf das Publikum hat.

Eloquenz kennzeichnet Ihre Fähigkeit, Metaphern und Beispiele anzuführen, die die Lektionen in Ihrer Botschaft vermitteln. Niemand interessiert sich für Ihr Anliegen als Redner, es sei denn, Ihre Zuhörer wüssten, in welcher Form es sie betrifft und wie es ihnen von Nutzen sein kann.

> **Eloquenz heißt**, dass Sie Ihre Botschaft publikumsorientiert rüberbringen.
>
> **Eloquenz heißt**, dass Sie dafür sorgen, dass Ihre Botschaft vermittelbar ist.
>
> **Eloquenz heißt**, dass Sie einen Bezug zwischen Ihrem Publikum und Ihrer Botschaft herstellen.
>
> **Eloquenz heißt**, dass Sie Ihre Botschaft formulieren.
>
> **Eloquenz heißt**, dass die Zuhörer wahrnehmen, dass Sie Ihren Beruf lieben.

Für mich persönlich rufen Lektionen in Eloquenz Erinnerungen wach. Jedes Mal, wenn ich in einem Vortrag „want to" sage, achte ich darauf, dass ich das „t" deutlich artikuliere.

Das erinnert mich an meine Mutter in ihrem himmlischen Zuhause, die stolz auf die Eloquenz ihres Sohns ist.

Ich danke Euch

Die nachfolgenden Personen haben mir gezeigt, wie ich erreiche, was ich will, sowohl durch ihr „Ja" als auch durch ihr „Nein". Auch wenn Ihnen die Namen nichts sagen, fordere ich Sie dazu heraus, sie zu lesen – denken Sie dabei einfach an die Personen, denen Sie dafür danken müssen, dass Sie denselben Prozess durchlaufen durften.

Falls Sie es bemerkt haben, verzichte ich in allen meinen Büchern auf eine Widmung. Aber nehmen Sie bitte zur Kenntnis, dass jedes Buch, das ich schreibe, der liebenden Erinnerung an meine Eltern Max und Florence Gitomer gewidmet ist, die zu Lebzeiten und selbst noch danach mein Denken geprägt haben, mir geholfen haben, meine Persönlichkeit und meinen Stil zu entwickeln und mich dazu herausgefordert haben, in Liebe und Ärger ein besserer Mensch zu werden. Es gibt keinen Weg, wie ich ihnen danken kann, aber die Wertschätzung, die ich für ihre Lektionen empfinde, manifestiert sich oft in den Worten, die ich schreibe und spreche.

Mein Bruder, **JOSH GITOMER**, ist wieder in mein tagtägliches Leben eingetreten. Unsere Freundschaft und unser gegenseitiger Respekt haben sich vertieft, und sein künstlerisches Talent und seine sanfte Art sind mir im Verlauf unseres gemeinsamen Älterwerdens eine Quelle der Unterstützung und Freude.

Meine Freundin, meine Dauergefährtin, meine Menschenskind-Grille, meine Lektorin und meine Liebe, **JESSICA McDOUGALL**, ist als Denkerin, Erschafferin und Macherin ohnegleichen. Die glücklichen Umstände, die uns zusammengebracht haben, haben mir Glück, Geborgenheit und den Frieden des Wissens gebracht, dass wir unser Licht miteinander teilen, wenn alles dunkel ist.

Ich bin Vater für viele. Meine Töchter **ERIKA, STACEY** und **REBECCA** haben immer ihren Kopf durchgesetzt. Das tun sie heute noch. Sie waren Meisterinnen in der Durchsetzung ihrer Vorstellungen, bis meine Enkelinnen auftraten.

MORGAN, JULIAN und **CLAUDIA** haben dem Ausdruck „seinen Willen durchsetzen" eine neue Bedeutung verliehen. Sie müssen nicht einmal darum bitten. Irgendwie schaffen sie es immer. Alle meine Kinder und Enkel fühlen sich gesegnet, weil ich zu ihrem Leben gehöre, aber ich kenne das wahre Geheimnis.

MICHAEL WOLFF, der sich sehr rasch zu einem Mitglied der Gitomer-Familie entwickelte, hat unter Jessicas Anleitung ein weiteres Vermächtnis geschaffen. Ich mag Mike, weil er ein 24/7-Typ ist.

Die Liste meiner Kinder ist lang. Derzeit sind 29 Mitarbeiter bei **BUY GITOMER** und **TRAINONE** beschäftigt. Sie sind kein Team, sondern eine Familie. Ich bin seit 50 Jahren in der einen oder anderen Form Unternehmer, aber diese Familie ist bei Weitem die tollste Gruppe von Menschen, mit denen ich je gearbeitet habe beziehungsweise deren Vorstellungen ich erfüllen durfte.

Und **IHNEN**, geschätzter Leser ...

Danke für Ihre Unterstützung, indem Sie meine Seminare besuchen, meine Bücher kaufen und meine Kunden sind.
Ich schätze Sie.

Jeffrey Gitomer
Chief Executive Verkäufer

AUTOR. Jeffrey Gitomer ist Autor der Bestseller *The Sales Bible* und von:
- Das kleine grüne Buch für Ihren Erfolg
- Das kleine rote Buch der ultimativen Antworten für den Verkaufserfolg.
- Das kleine schwarz Buch für Ihre guten Kontakte.

All diese Titel erscheinen auf der Bestsellerliste der Zeitung *The New York Times*. Alle seine Bücher waren Nummer eins der Bestsellerliste von Amazon.com, darunter auch die Titel *Customer Satisfaction is Worthless, Customer Loyalty is Priceless* und *The Patterson Principles of Selling*. Jeffreys Bücher wurden weltweit mehr als eine Million Mal verkauft.

MEHR ALS 100 PRÄSENTATIONEN PRO JAHR. Jeffrey hält Seminare für staatliche Behörden sowie Firmenseminare, leitet Jahresverkaufstagungen und führt Live- sowie Internetprogramme über Verkauf und Kundenloyalität durch. In den letzten 15 Jahren hat er durchschnittlich 120 Seminare pro Jahr abgehalten.

JEDE WOCHE MILLIONEN VON LESERN. Jeffreys Kolumne *Sales Moves* erscheint in mehr als 95 Wirtschaftszeitungen weltweit und wird jede Woche von mehr als 4 Millionen Menschen gelesen.

SALES CAFFEINE – KOFFEIN FÜR DEN VERKAUF. Jeffreys wöchentliches E-Zine *Sales Caffeine* ist ein Weckruf für den Verkauf, der jeden Dienstagmorgen an mehr als 25.000 Abonnenten kostenlos versendet wird. *Sales Caffeine* ermöglicht Jeffrey, professionellen Verkäufern zeitnah wertvolle Verkaufsinformationen, Strategien und Antworten mitzuteilen. Um das E-Zine zu abonnieren, klicken Sie auf der Website www.gitomer.com auf FREE EZINE.

IM INTERNET. Jeffreys WOW!-Websites www.gitomer.com und www.trainone.com werden von 25.000 Besuchern und Seminarteilnehmern pro Tag aufgerufen. Jeffreys erstklassige Webpräsenz und seine E-Commerce-Kompetenz haben den Standard in seinem Berufsfeld gesetzt und ihm großes Lob seitens seiner Kunden sowie deren breite Akzeptanz eingebracht.

TRAINONE ONLINE-VERKAUFSSCHULUNG. Online-Verkaufsschulungseinheiten finden Sie unter www.trainone.com. Der Inhalt ist Jeffrey pur – unterhaltsam, pragmatisch, bodenständig und sofort umsetzbar. Das innovative TrainOne-Programm ist führend auf dem Gebiet maßgeschneiderter E-Learning-Programme.

VERKAUFSPOWER LIVE. Jeffrey ist Veranstalter und Kommentator von *Selling Power Life*, einer monatlichen Verkaufsressource auf Abonnementbasis, die die geballten Erkenntnisse der weltweit führenden Autoritäten auf den Gebieten Verkauf und persönliche Entwicklung bietet.

SALES ASSESSMENT ONLINE. Die weltweit beste Verkaufsbeurteilung – auch „Successment" genannt, bewertet nicht nur Ihre Verkaufsfähigkeiten auf 12 erfolgskritischen Gebieten des Verkaufs-Know-hows, sondern liefert Ihnen darüber hinaus einen diagnostischen Bericht, der 50 Mini-Verkaufslektionen beinhaltet. Mit diesem beeindruckenden Verkaufsinstrument können Sie Ihre Verkaufsfähigkeiten bewerten. Darüber hinaus erklärt es Ihnen Ihre ganz individuellen Chancen zur Erweiterung Ihres Verkaufs-Know-hows. Dieses Programm trägt den passenden Titel „KnowSuccess", weil *Sie nicht wissen können, was Erfolg ist, solange Sie nicht genug über sich selber wissen.*

AUSZEICHNUNG FÜR PRÄSENTATIONSEXZELLENZ. Im Jahr 1997 wurde Jeffrey die Auszeichnung „Certified Speaking Professional, CSP" (zertifizierter Vortragsredner) des US-amerikanischen Rednerverbands *National Speakers Association* verliehen. Dieser Titel wurde in den letzten 25 Jahren weniger als 500 Mal vergeben und ist die höchste Auszeichnung, die der CSP verleiht.

GROSSE UNTERNEHMENSKUNDEN. Zu Jeffreys Kunden gehören Coca-Cola, D. R. Horton, Caterpillar, BMW, BNC Mortgage, Cingular Wireless, MacGregor Golf, Ferguson Enterprises, Kimpton Hotels, Hilton, Enterprise Rent-A-Car, AmeriPride, NCR, Stewart Titel, Comcast Cable, Time Warner Cable, Liberty Mutual Insurance, Principal Financial Group, Wells Fargo Bank, Baptist Health Care, BlueCross, BlueShield, Carlsberg Beer, Wausau Insurance, Northwestern Mutual, MetLife, The Sports Authority, GlaxoSmithKline, AC Neilsen, IBM, The New York Post und Hunderte anderer Unternehmen.

BUY GITOMER, INC.
310 Arlington Avenue Loft 329 • Charlotte, North Carolina 28203
Büro **(001)-704/333-1112** • *Fax* **(001)-704/333-1011**
E-Mail **jeffrey@gitomer.com** · *Web* **www.gitomer.com**

Verwandeln Sie das kleine grüne Buch in grünes Licht

Das *Little Green Book of Getting Your Way* ist als ganzheitliche Lernlösung verfügbar.

Das Schulungspaket des *Little Green Book of Getting Your Way* enthält Facilitator Guides, Arbeitsbücher für die Teilnehmer; Multimedia-Unterstützung, Aufgabenhilfen und lernverstärkende E-Learning-Elemente.

Rufen Sie 001-704-333-1112 an
und schreien Sie:

„I want my way!"

Weitere Titel von Jeffrey Gitomer

Das kleine rote Buch der ultimativen Antworten für den Verkaufserfolg.
Antworten aus dem richtigen Leben, die Ihnen Aufträge und Geld bringen
ISBN: 978-3-636-01598-3

Das kleine schwarze Buch für Ihre guten Kontakte.
Wie Ihre Kontakte wertvoll werden.
ISBN: 978-3-636-01612-6

„Während du in der Arbeit warst, habe ich deine Motivationskassetten angehört und beschlossen, eine deutsche Dogge zu werden."